国防科技图书出版基金

测速跟踪测量数据处理

Velocity Tracking Measurement Data Processing

崔书华　王　敏　王　佳　著

国防工业出版社

·北京·

图书在版编目(CIP)数据

测速跟踪测量数据处理/崔书华,王敏,王佳著.
—北京:国防工业出版社,2017.8
ISBN 978 - 7 - 118 - 11258 - 0

I.①测… Ⅱ.①崔… ②王… ③王… Ⅲ.①外弹道
试验—数据处理 Ⅳ.①TJ06

中国版本图书馆 CIP 数据核字(2017)第 170553 号

※

国防工业出版社出版发行
(北京市海淀区紫竹院南路 23 号 邮政编码 100048)
腾飞印务有限公司印刷
新华书店经售
*
开本 710×1000 1/16 印张 12½ 字数 238 千字
2017 年 8 月第 1 版第 1 次印刷 印数 1—2000 册 定价 65.00 元

(本书如有印装错误,我社负责调换)

国防书店:(010)88540777 发行邮购:(010)88540776
发行传真:(010)88540755 发行业务:(010)88540717

致 读 者

本书由中央军委装备发展部**国防科技图书出版基金**资助出版。

为了促进国防科技和武器装备发展,加强社会主义物质文明和精神文明建设,培养优秀科技人才,确保国防科技优秀图书的出版,原国防科工委于1988年初决定每年拨出专款,设立国防科技图书出版基金,成立评审委员会,扶持、审定出版国防科技优秀图书。这是一项具有深远意义的创举。

国防科技图书出版基金资助的对象是:

1. 在国防科学技术领域中,学术水平高,内容有创见,在学科上居领先地位的基础科学理论图书;在工程技术理论方面有突破的应用科学专著。

2. 学术思想新颖,内容具体、实用,对国防科技和武器装备发展具有较大推动作用的专著;密切结合国防现代化和武器装备现代化需要的高新技术内容的专著。

3. 有重要发展前景和有重大开拓使用价值,密切结合国防现代化和武器装备现代化需要的新工艺、新材料内容的专著。

4. 填补目前我国科技领域空白并具有军事应用前景的薄弱学科和边缘学科的科技图书。

国防科技图书出版基金评审委员会在中央军委装备发展部的领导下开展工作,负责掌握出版基金的使用方向,评审受理的图书选题,决定资助的图书选题和资助金额,以及决定中断或取消资助等。经评审给予资助的图书,由中央军委装备发展部国防工业出版社出版发行。

国防科技和武器装备发展已经取得了举世瞩目的成就,国防科技图书承担着记载和弘扬这些成就,积累和传播科技知识的使命。开展好评审工作,使有限的基金发挥出巨大的效能,需要不断地摸索、认真地总结和及时地改进,更需要国防科技和武器装备建设战线广大科技工作者、专家、教授,以及社会各界朋友的热情支持。

让我们携起手来,为祖国昌盛、科技腾飞、出版繁荣而共同奋斗!

国防科技图书出版基金

评审委员会

国防科技图书出版基金
第七届评审委员会组成人员

前言

测速跟踪测量设备是航天测控网的重要组成部分,在导弹、运载火箭和空间探测等领域中发挥着其他测量设备难以替代的作用。本书著者长期承担我国航天测速跟踪测量数据处理任务,从跟踪测量数据复原到外弹道数据参数最优估计计算,积累了丰富的数据处理经验,取得了 10 多项科技成果。著者结合最近 20 年承担近百次大型航天试验任务外测数据处理的实战经验,在吸收著者等人相关研究成果的基础上编写了本书。

本书在保证技术先进性的同时,紧密结合工程实际,充分考虑了测控工程领域测速跟踪测量技术的发展趋势,内容充实,针对性和适用性强。

全书共分 8 章。第 1 章概论,由王敏、王佳和崔书华撰写;第 2 章测量数据预处理,由崔书华和王佳撰写;第 3 章短基线干涉仪误差修正及误差影响分析,由王敏和王佳撰写;第 4 章多测速系统误差修正及误差影响分析,由崔书华和王佳撰写;第 5 章数据质量检查与评估,由崔书华和王敏编写;第 6 章短基线干涉仪测量数据弹道确定,由王敏和王佳撰写;第 7 章多测速测量数据弹道确定及评估,由崔书华和王佳撰写;第 8 章测速系统与其他测量系统数据融合,由崔书华撰写。

本书编写工作得到了西安卫星测控中心杨开忠研究员、张荣之研究员、杨永安研究员、王家松研究员的支持和指导,航天器在轨故障诊断与维修重点实验室副主任胡绍林研究员和北京航空航天大学自动化学院秦世引教授对本书进行了认真审核并提出建议,西安卫星测控中心高级工程师宋玉红、刘军虎及硕士研究生李果参与了本书的相关工作,在此一并表示感谢。同时,本书得到了国防科技图书出版基金以及国家自然科学基金(61473222,61231018,41274018)的资助,宇航动力学国家重点实验室主任李恒年研究员、办公室杜卫兵主任对相关研究工作也提供了大力支持。

由于本书内容涉及面广,加之作者水平有限,难免有不妥或者错误之处,敬请读者指正。

著 者

2017 年 1 月

目录

Contents

第1章
概　论

　　随着现代电子科学技术的发展,雷达在理论上和技术上不断地得到提高,性能不断完善,应用日益广泛。早期的雷达主要应用于军事领域,并且注重远距离发现目标和测距的能力,现代雷达不但能够发现目标和测量目标的距离,还能够测量目标的速度、角度等参数。在现代战争中,可以说几乎所有的新式武器都是用雷达来实现控制。在民用和科学研究方面,如交通管制、气象观测、射电天文、地形测绘、卫星跟踪、靶场测量等领域,也都广泛地应用了雷达。随着现代军事武器装备的发展,人们对靶场雷达测量设备的要求越来越高,不但要能够测量单个目标的距离、速度、方位角、俯仰角,给出目标的三维立体信息,还要能在较远距离上对多个目标进行捕获、跟踪和测量,且对测量精度的要求也越来越高。

　　从20世纪80年代中期开始,随着雷达信号理论以及微电子技术、计算机技术的不断发展,国际上靶场测量雷达朝着体积小、质量小、数字化、高精度方向发展。发射和接收天线采用平面微带天线,雷达发射机采用全固态化元器件设计,接收机采用低噪声的零中频技术,终端采用谱分析和数字信号处理技术对目标参数进行高精度的测量。近年来,随着测速跟踪测量技术的发展和在试验靶场中不断增加的应用需求,推动了测速跟踪测量数据处理方法的不断发展和进步。特别是在航天测控网中,测速跟踪测量数据处理技术更占有重要的地位,它与统计学、信息论、优化理论、计算机科学等都有紧密的联系,是实现飞行目标外弹道自动化数据处理系统的重要技术基础,也是推进实现智能化处理能力的重要技术支撑。

　　本书将从航天工程应用的角度,以外测跟踪测量的测速数据为主要研究对象,围绕短基线干涉仪和多测速系统的数据处理理论与方法问题,从系统原理功能、技术指标、误差修正、质量检查到弹道计算与评估技术,进行全面阐述分析,以期全面、系统地梳理测速数据处理的相关技术问题,为测速系统测量数据的事后处理工作提供更多的处理途径。

1.1　测速系统在航天测控网中的作用

随着"神舟"系列载人飞船的试验成功,中国载人航天揭开了新篇章,航天测控从此进入了一个新的历史时期。航天技术的发展和空间资源的利用,需要各种飞行轨道的高精度机动测控体制进行跟踪测量。航天测控技术是运载工具和航天事业必不可少的组成部分,运载火箭/弹道导弹是否达到设计的命中精度,发射的航天器是否入轨,战略武器的弹道参数都是以测控系统提供的轨道测量数据为依据的。

在航天飞行器外弹道测量中,对航天器的跟踪测量和定轨方法研究一直是航天领域的热点问题,如何合理组建靶场飞行器跟踪测量网,对航天飞行器的飞行轨道进行跟踪测量非常重要。通常,航天靶场测量雷达是通过测量目标到雷达的径向距离、方位角和俯仰角对目标进行单站定位,或是测量飞行器相对于测站的斜距、方位角、俯仰角、距离和、距离差及其变化率等各种测量元素,通过一定的函数关系求解出轨道参数。目前,在靶场试验中,由于脉冲雷达含有测距功能,故体积庞大、系统复杂、稳定性差。因此,近年来新上的高精度多台(套)测速设备都不再设计测量距离功能,使得跟踪测量设备的构成更加简单,机动性更高,布站更加灵活,为航天测控、导弹武器的试验鉴定、定型,发挥了至关重要的作用:

(1)提供精确弹道。高精度测速雷达系统集成度高、构成简单、转运灵活、展开便捷、使用型号类型广泛,是靶场向型号部门提供精确弹道不可替代的支柱系统。同时,由于采用连续无线电信号和由北斗授时、精确校频的参考信号源,使得以锁相原理工作的高精度测速雷达系统的测量精度远高于单脉冲雷达距离－测角数据的解算结果。

(2)提供精确安控信息源。随着战略武器技术的发展,飞行弹道日益复杂,对安全管道的范围要求也更加严谨。高精度测速雷达系统提供的实时测量数据数量多、精度高、连续性和可靠性好,在成熟算法支持下,可生成严谨、平滑、完整的安控管道,确保了安控指挥员能够及时、准确的判断。

(3)提高测控系统可靠性。目前,多测速系统已经在航天试验靶场进行了广泛装备,其跟踪测量信息比较多,特别是多增加的冗余测量信息,既可提高弹道测量精度,又可确保系统的可靠性,对圆满完成各类试验任务发挥着重要作用。同时,多测速系统的硬件由固态器件标准化制作,软件的设计执行工程化控制和风险管理规范,使得系统的可靠性更高。

(4)布站机动灵活。当前,航天发射高密度已经常态化,发射间隔越来越短,装备的调整时间越来越少,对测量设备的要求越来越高。稳定、可靠、安全、灵活等测速系统所具备的优势更加明显,对迅速布置测站,及时做好跟踪测量准备,圆满完成高精度测量任务,具有无可替代的作用。

1.2 国内外测速测量发展现状

随着军事的需要和航天技术的发展,测控体制发展经历了分离测控体制、统一载波测控体制、跟踪与数据中继卫星体制(Tracking and Data Relay Satellite System,TDRSS)三个发展阶段,测量方式从单一的地基发展到与天基相结合。测速定轨体制是一种新型的外弹道跟踪测量系统,利用多个测速元进行弹道参数确定,具有高精度的弹道估计优势。

1.2.1 国外发展现状

在20世纪60年代以前,美国东靶场的高精度外测体制由中基线干涉仪和长基线多站连续波测量系统组成。由于其测距系统存在主体设备庞大、配套设施多、测量误差复杂等缺点,使得该雷达系统机动性差、维护费用高、稳定性及可靠性差。因此,自20世纪70年代开始,美国逐步关闭了干涉仪和连续波体制的雷达系统,取而代之的是全球定位系统(Global Positioning System,GPS)等精度高、机动性强、维护简单的测距测速设备。而测速体制就是在干涉仪的基础上研制而成,如欧洲航天局的精密测距测速系统(Precise Range And Range Rate Equipment,PRARE)微波测量系统,能够全天候提供卫星到地面的距离及其距离变化率的精确信息,以及丹麦Weibel公司生产的一系列雷达、W-700/SL-520M短距离测速雷达系统等。

1.2.1.1 国外短基线干涉仪系统

短基线干涉仪最早用于靶场的连续波测量系统。国外最具代表性的是20世纪50年代研制的"阿祖沙"(AZUSA)系统,装备在美国大西洋导弹靶场(东导弹靶场),用来跟踪测量导弹、运载火箭和卫星。短基线干涉仪的基线长度可以为几十米到几千米,采用有线或无线方式进行基线传输,实现主站与副站载波频率相参。"阿祖沙"系统为采用测距和相位干涉仪测角的单站系统,工作在C波段。由于采用了侧音测距和精密方向余弦测量技术,保证了测距和测角的高精度。为了进一步提高方向余弦的分辨能力,AZUSA-2中增加了一个余弦变化率测量设备,利用圆锥扫描测角雷达、发射天线、中精度测量天线、精测天线、方向余弦变化率测量天线,使得系统的测量性能逐步得到完善和提高。

20 世纪 70 年代,出现了一种典型的测量体制,就是以中基线干涉仪为主干,在弹道沿线布置多台(套)连续波测距、测速雷达组成良好的测量几何,利用足够的测量冗余获得高精度弹道测量。例如,美国的 MISTRAM(Missile Trajectory Measurement System)导弹轨迹测量系统、系统采用这一测量体制。这种测量体制的问题是:考虑了测量误差传播引起的精度问题,一般地,该系统应至少包含三个高精度的测距元素,所以,通常以具有高精度测距的干涉仪作为主干设备。但干涉仪的复杂性使得系统庞大,操作、维护困难,机动性差,电磁环境复杂,效费比低,并且影响了系统的稳定性、可靠性和测量精度。

1.2.1.2　多站测速体制

比较而言,测速设备采用多普勒原理,可以单载频或双载频无调制发射,大大简化了地面系统组成,提升了系统机动能力,减少了测量误差源,提高了测量精度。另外,设备规模的缩小,使维护管理工作也大大简化,并降低了费用。GPS 是美国国防部研制的全球性、全天候、连续、实时的卫星导航定位系统,主要功能是:接收 GPS 卫星发播的导航信号,捕获和跟踪各卫星信号的伪随机噪声码和载波,从中解调出卫星星力、星钟改正参数等;通过测量本地伪随机噪声码与卫星的伪随机噪声码之间的时延测定伪距测量值,通过测量载波频率变化和载波相位获取伪距变化率和载波相位观测值;根据获取的这些数据,计算出用户接收机的三维位置、速度和时间信息。该系统的高精度定位、测速和定时能力不仅可用于导航,而且可用于精密定位、外弹道和卫星轨道测量等。因 GPS 已被广泛使用,在此不做进一步的详细说明,本节主要介绍与多站测速体制相近的欧洲航天局 PRARE 微波测量系统和丹麦 Weibel 公司生产的测速雷达系统。

1) 欧洲航天局 PRARE 微波测量系统

PRARE 是一个高精度的微波测距系统,完成卫星到地面站(配备有应答转发设备)的距离及其距离变化率微波测量,通过多机动地面站组成的测量网络为卫星提供分米级精度的定轨数据。PRARE 由星上部分和地面部分(一个地面控制站和多个地面测量站)组成,各个地面测量站通过交叉验证和校准提供可靠的轨道测量数据。

PRARE 的测量过程是从星载传感器发射两路(S 波段,22GHz;X 波段,8.5GHz)调制相同伪随机码(Pseudo - Noica,PN)的射频信号,由地面设备精确测出同时发出的两路 PN 码信号接收时的时延(测量精度优于 1ns),然后发回星载存储器,以便对数据进行电离层修正,地面站收集的气象数据提供对流层折射修正。

PRARE 星载部分由一个 400mm × 240mm × 180mm 的盒子构成工作模式功耗 27W,待机模式功耗 9W。它有两对交叉偶极子,位于平台面向地面的一侧,整个仪器集成在一个平台上,不需要与卫星、电源、状态控制链路和机械/温控子系统有太多的接口。PRARE 地面部分由两部分组成:一是地面跟踪站,许多成本低、体积小、机动性高、功耗低的地面跟踪站;二是地面指控站,具备其他跟踪站的功能,以及数据通信和数据存储的功能,其主要任务是接收和存储从卫星发来的跟踪和修正数据,完成时间同步,并且把轨道数据和地面询问信号发到卫星,在没有数据传输时,指控站可用于跟踪测量。地面指控站直接连到控制中心,以完成日常对 PRARE 跟踪和修正数据的处理任务。

PRARE 系统有主跟踪站和副跟踪站两种类型的地面跟踪站。主跟踪站对接收信号进行相参转发,得到星-地-星的距离及多普勒数据,从而对卫星进行精确定轨和对地面站进行精确定位。副跟踪站工作于单收被动方式,跟踪 S 波段或 S/X 波段的载频信号获取单向多普勒信息,并接收广播的星历以便对测站进行实时定位。这些跟踪站的测量数据(特别是在干涉测量模式时精度更高)可以得到厘米级的定位精度,适用于测地学和地球动力学等领域。

2)丹麦的 Weibel 公司生产的测速雷达系统

Weibel 公司的 W-700/SL-520M 短距离测速雷达系统由 W-700 多普勒分析器、SL-520M 多普勒雷达天线、触发器、20m 长的触发电缆、主计算机等组成,该系统具有整体结构非常紧凑、轻便,能够测量目标速度范围为 30~3000m/s,对 155mm 弹体的跟踪距离为 2~4km,7.62mm 弹体的跟踪距离为 100~200m 等特点。

Weibel 公司的另一套测速雷达系统为 MVRS-700,是在 W-680 多普勒分析器和 SL-520 天线的基础上研制的,从 1982 年开始历经 6 年时间研制成功。它采用了表面组装技术(Surface Mounted Technoloyy,SMT)和数字信号处理(Digital Signal Process,DSP)技术,能够测量 100km 以内的目标。它包括天线和一个处理/显示单元,天线体积很小,可直接安装在火炮后座上,对待测目标有清晰的视角。1992 年,Weibel 公司推出了 MVRS-700E 雷达,该雷达在原有雷达基础上增加了自动校正功能,使得雷达能够对测量结果自动进行校正。1996 年,Weibel 公司推出了 MVRS-700C 雷达,该雷达用于自行榴弹炮的初速测量。它包括一个火控计算机(FCC)和一个天线单元,处理器被整合到天线单元中,只有天线单元和火控计算机相连,不再需要独立的键盘和显示单元。1999 年,Weibel 公司推出了 MVRS-700SC 雷达,该雷达包括一个天线/处理单元和一个火控计算机,处理单元通过电缆和 24V 直流电源以及火控计算机相连。该系统采用了 3.3V 的逻辑器件,所以系统功耗较低。该系统的目标速度测量范围为 30~3000m/s,由于采用了独特的运动补偿措施,测速精度可达到 0.005m/s。

综上所述可以看出,Weibel 公司的一系列连续波雷达具有体积小、质量小、能对多种目标进行测量的特点。目前,更高灵敏度雷达正处于研究、样机试验阶段,预计将会有新的突破。

1.2.2　国内发展情况

在我国现有的靶场外弹道测控站配置中,有北方高精度测量带、南方测量带、环渤海湾测量带,以及海南靶场测量区域。南方测量带和海南靶场测量区域主要完成对测量精度要求不太高的航天器轨道测量,其外弹道测量要求为中等精度,包括有连续波多站制测量雷达、短基线干涉仪,以及单脉冲精密雷达等测量设备。北方高精度测量带和环渤海湾测量带则完成我国最重要的战略武器发射,以及重大航天型号发射的外弹道测量任务,长基线干涉仪高精度测量系统、连续波车载雷达测量系统、多测速高精度测量系统是其中的关键测控设备。

随着航天测控领域的发展,导航卫星自主定位与天基测控系统的应用是大趋势,但目前,这两者均不能满足导弹/火箭试验的高精度需求,特别是国内洲际导弹鉴定的各种特殊弹道的高精度测量要求。由此出发,我国北方高精度测量带的测量要求不能放宽,仍然需要高精度的测量体制。由于干涉仪系统体制复杂,且精度不能满足新的任务要求,因此,近年来研发和启用的高精度多测速系统,为实现高精度的测量需求提供了更加有效的测控支持。

本节主要介绍航天试验靶场中的短基线干涉仪系统和多测速系统。

1.2.2.1　国内短基线干涉仪系统

我国从20世纪70年代初开始研制短基线干涉仪系统,其体制与阿祖沙(AZUSA-2)系统类似,用于导弹命中预测的安全系统。后因计划调整,该系统仅完成初样研制。20世纪70年代末至80年代初,我国研制的某短基线干涉仪系统是一种单站相干测速系统(无自跟踪能力),与单脉冲定位雷达协同工作,用于地球同步通信卫星主动段的跟踪测量,为安全控制系统提供测量数据。该系统的基线为1500m正交,L形布站,包括主站天线(收发共用)和副站天线(只收不发),完成径向速度测量和方向余弦变化率测量任务。地面站由天线伺服分系统、发射分系统、接收分系统(含高频接收机、测速接收机、方向余弦变化率接收机)、测速终端、方向余弦变化率测量终端、时频终端、数据处理设备、标校设备等组成。其采用的双向相干多普勒测速体制,可通过对目标双向载波多普勒频率的测量实现其径向速度测量。通过测量两对变化率天线收到信号间的相位差,可获取方向余弦变化率。

在20世纪80年代初研制并投入使用的某短基线干涉仪测控装备,现已超期服役,设备老化,性能下降,已经逐步淘汰。新型短基线干涉仪于2000年左右研制,随后安装在航天试验靶场,用于地球同步通信卫星发射时对运载火箭的弹道进行精确测量。该系统的测量体制与旧系统相同,但在原旧系统方案的基础上做了若干改进设计,同时新增了测角功能。该短基线干涉仪系统包括一台中心主站和两台远端副站,三站成 L 形布站,测量元素包括径向速度 $\dot{R}$、方向余弦变化率 $\dot{L}$、$\dot{M}$ 和角度 A、E。该系统具有以上测量数据的采集、预处理和传输功能,可实现集中监控和分机监控,为指挥系统提供监控显示信息,而且可实现系统模拟测试和标校。在该系统中,每个测站都安装一台 2m 口径的跟踪天线,其中主站对目标间微波收发共用,副站对目标间微波只收不发,构成微波测速及跟踪测角能力。主、副站配有 1.5m 口径的微波天线,主站向副站传送测量基准,副站向主站传送测量结果。该系统采用双向相干多普勒频率对目标进行测量,求其径向速度,通过比对主站与副站的多普勒频率差,获取目标径向距离差的增量,进而完成方向余弦变化率的测量。

1.2.2.2 多测速系统

由于现用于北方高精度测量带的干涉仪系统体制复杂,其测距元的测量数据中常存在较大的系统误差,而这些系统误差除了可建模的常值系统误差、折射修正残差等以外,还有一些不可建模的误差,从而导致整个系统在可靠性、测量精度等方面不能满足新的任务要求,同时每次发射任务前还需进行应答机与地面测量站的对接,流程比较繁琐。因此,需要启用新的测量体制,建设新型高精度测量系统。

随着科技发展和进步,航天测控系统对外弹道测量体制进行了重要的改造,以干涉仪为主、多台连续波测速雷达为辅组成的“测距—测速”体制被高精度多测速雷达网组成的“多测速”体制取代。即以简化的多 S 测量体制取代传统、复杂的干涉仪测量体制,以及测速与定位复用的连续波机动雷达测量体制;以机动能力强、灵活布站快、技术保障好的车载测量设备,替代系统庞大、设备量多、电磁环境复杂的地面固定设备;以首区、航区和落区多冗余高精度测速元素 S 的实时测量、通过事后数据精细化处理获取精确外弹道参数,替代准备过程长、联调程序多、数据解算复杂的干涉仪系统。我国北方高精度测量带随着多台测速雷达的加入,已过渡到“全测速”测量体制。目前,该系统已能适应常规弹/箭的测速要求。

测速系统采用多测速雷达弹道测量体制给地面测量系统和弹载应答机的设计带来巨大的变化:地面设备取消测距通道后,由于设备量的减少及载波功率用于测速通道,使天线口径减小,可以实现一车一站制,克服了现有外弹道测量方案设备庞大、电磁环境差、配套设备多、机动性差等缺点,充分实现小型化、机动性强、维修性好、布站方便等优点。同时,弹载应答机采用纯测速体制,避免了设计测距音解调带来的设备复杂性,设备得到了简化,可靠度得到了提高。该系统的应用,不但使我国靶场的测控体制和武器装备得到了发展,而且也使天地系统、弹载合作目标等在电气和结构上完成了小型化,改善了电磁环境,减少了合作目标数量。多个高精度测速雷达系统的测元可以独立描绘飞行轨迹,可以独立作为安控信息源,也可以与其他设备的测量信息源组合成多个信息源,用于综合判断是否实施安全控制。事后提供的测速数据比实时提供的测量数据密度大、精度高,通过事后数据处理人员的细致工作,可提供高精度的外弹道参数数据,用于分析与分离导弹和火箭制导系统的误差系数,进而改进制导系统,提高命中精度。

近十多年来,我国研制和装备了一系列高精度多测速雷达,其中比较有代表性的是某型号全程自跟踪测速雷达。该雷达是一个全固态、全数字化且在方位和俯仰方向上具有测角跟踪能力的多普勒雷达系统,其主要功能是完成各种武器,如火炮、导弹、火箭等测速和弹道计算任务,它由天线分系统、伺服分系统、测角分系统和终端分系统四大部分组成。相对于国内原有的测速雷达,其改进内容有:

(1)信号处理单元采用新型信号处理器,以提高数据处理速度和精度。

(2)增大数据存储容量,提高作用距离,以便对延伸弹道进行速度测量,并进行弹道的计算和阻力系数的提取。

(3)改进数据处理算法,保证在测量时可实时得到弹丸初速,以满足为制作射表所进行的高密度射击测量的需要。

(4)增加单脉冲自动跟踪功能。

高精度多测速跟踪测量系统,由于配套设备简化,无须建造高塔和进行繁琐的校零,操作维护性、工作可靠性都得到提高,加之安全控制、跟踪引导、预报落点等优势,其作用无可替代。在投入使用的过程中,该系统为航天测控、型号运载火箭和导弹武器的试验鉴定、定型,发挥了至关重要的作用。

1.3 测速跟踪测量数据处理若干关键技术

测速跟踪测量系统是航天测控工程的重要组成部分,对于高精度确定飞行器弹(轨)道/姿态、分析航天器试验质量、鉴定测控网设备跟踪精度、分离运载工具制导系统误差都具有重要作用。它在火箭上行段、火箭运行段和飞行器再入段的弹道测量及无线电外弹道测量系统精度鉴定中起着重要的作用。

在航天测控过程中,测速跟踪测量系统主要有短基线干涉仪和高精度多测速跟踪测量系统。短基线干涉仪测量元素为径向速度 $\dot{R}$、方向余弦变化率 $\dot{L}$、$\dot{M}$ 和角度 A、E,高精度多测速跟踪测量系统的测量元素为各测站的距离和变化率

$\dot{s}$。跟踪测量数据处理的目的是利用跟踪测量设备的测元数据,再结合布设在相应点位的雷达设备,确定飞行器在跟踪弧段内任意时刻的位置、速度、加速度参数,以及弹道倾角、弹道偏角、合速度、切向加速度、法向加速度和侧向加速度参数等。

外弹道测量体制的改变给外弹道测量数据处理带来重大而深刻的变化,需要针对"多测速"体制的特点进行深入的分析与思考,研究相应的对策与方法。测速跟踪测量数据处理技术涉及多学科知识与技术的综合应用,除需要线性代数、数学分析、空间解析几何等知识,还需要概率论、数理统计、信息论、时间序列分析和数字滤波等专业理论。以多测速融合的方式估计弹道,是新体制下研究的主要方案,因此,测速数据处理新方法研究是关键技术之一,其中新型数据融合算法的研究、系统误差的辨识与估计、设备最优布站理论、高性能计算机系统、外弹道测量数据处理软件系统的并行化和工程化等方面都是着重研究和大力加强的重点内容。

测元数据读取后,采用适当的数学模型、数学方法、数据处理算法和误差分析技术,甄别和修复异常数据、修正系统误差、消除或尽可能削弱随机误差的影响。其中分析和处理这些误差是数据处理整个过程的重要组成部分,这个过程关系到后期的弹道定位精度,直接影响到弹/轨道计算的可靠性。本书中,对系统误差修正、系统误差对弹道的影响、野值剔除与修复、滤波与平滑、测元遴选、数据质量检查与评估等关键技术进行了详细阐述。其中,定量地分析了模型误差对飞行目标的影响,充分分析了距离和变化率解算出的目标参数的可靠性;野值剔除与修复提高了数据处理的有效性;滤波与平滑减小或消除采样序列中随机误差分量,改善了数据的质量,保证了数据处理方法与处理结果的可靠性;测元遴选识别和剔除异常测元,避免异常测元与正常测元融合建模处理中引发估计精度下降;数据质量检查与评估从新的视角提出用偏度与峰度的分析方法描述外弹道测量数据质量情况及其理论内涵,运用该方法可有效、直观地定量、定性地确定数据质量情况,客观地给出跟踪测量数据的可靠性评价及使用建议,并为后续的弹道最优化连接和数据融合提供参考。

数据融合是提高数据处理精度的重要途径。数据融合对于目标弹道参数的精密计算至关重要,本书以工程需求为背景,描述样条、差分求解、最优估计、拟牛顿求解、最小二乘改进等数据处理技术。其中,样条约束弹道的最佳弹道估计(Error Model Best Estimate Trajectory,EMBET)方法,可有效解决多测速测量系统的精度问题;差分求解法可有效地消除跟踪测量过程的距离和变化率数据中的部分系统误差和随机误差,有效克服相关序列的相关性,提高数据处理精度;最优估计法是对多测速系统数据的融合处理的有效研究,利用该法可获取最优弹道结果,并与高精度全球导航卫星系统(Global Navigation Satellite System,GNSS)

数据结果比对分析,其比对差值极小,达到了预期的效果;拟牛顿是求解非线性优化问题的有效方法之一,通过测量梯度的变化,构造一个目标函数的模型使之快速收敛,可有效解决非线性求解问题;最小二乘改进方法,在最小化误差平方和的基础上,寻找数据的最佳函数匹配,并对解算出的目标参数反算到测元,补偿由于最小二乘线性化后对高次项信息的丢失,从测元上对目标弹道计算结果进行补偿。这些计算方法的研究和应用,为提高外弹道数据处理精度提供了新的技术手段和途径。

　　本书以航天测控需求为背景,以工程应用为牵引,视试验靶场中的测速测量数据为研究对象,围绕上述关键技术,从测速系统跟踪测量原理、测速数据获取、测速数据系统误差分析与修正处理、测速数据质量检查与评估、测速数据弹道确定、测速系统与其他测量系统数据融合等方面,系统地阐述测速数据处理的完整过程和关键技术。

参考文献

[1] 韩秀国,王国平,王志丹,等. 多站多普勒测速定轨体制的发展与改进[J]. 现代雷达,2005,12(12):8-10.

[2] 刘吉英,朱炬波,刘也,等. 基于测速定轨体制的布站几何优化设计[J]. 宇航学报,2007,01(1):53-57.

[3] 郭军海,吴正容,黄学德,等. 多测速雷达弹道测量体制研究[J]. 飞行器测控学报,2002,09(3):5-11.

[4] 商临峰,邵永平. 多测速体制下实时弹道解算方法与应用[J]. 导弹试验技术,2009(3):63-66.

[5] ZhuJu-bo,Wang Zheng-ming,Yi Dong-yun,et a1. Arealtime algorithm for trajectory determination by velocity measurement[J]. Journal of Astronautics,2001,22(6):119-123.

[6] 李军. 一种多测速雷达测量体制应答机的研制[D]. 成都:成都电子科技大学,2011.

[7] 刘利生. 外测数据事后处理[M]. 北京:国防工业出版社,2005.

[8] 王正明,易东云. 测量数据建模与参数估计[M]. 长沙:国防科学技术大学出版社,1996.

[9] 王敏,胡绍林,安振军. 外弹道测量数据误差影响分析技术及应用[M]. 北京:国防工业出版社,2008.

[10] 陈伟利,叶正茂,李颢. 关于外测新体制的一些分析与思考[J]. 飞行器测控学报,2004,23(4):7-10.

[11] 陈伟利. 样条约束EMBET中最优化问题与算法改进[J]. 北京装备指挥技术学院学报,2002(4):86-89.

[12] 赵文策,周海银,段晓君. 基于测角元和高程信息融合的弹道定位求速[J]. 弹道学报,2004,16(2):27-32.

[13] 朱炬波,王正明. 测速定轨的实时算法[J]. 宇航学报,2001,22(6):119-123.

[14] 邵长林. 多站连续波雷达的测速定轨方法及应用[J]. 宇航学报,2001(6):10-14.

[15] 邵长林. 多站连续波雷达测速定轨技术在靶场的应用[C]. 航天测控技术研究会,2000.

[16] 李庆扬,关治,白峰杉. 数值计算原理[M]. 北京:清华大学出版社,2002.

[17] 陈伟利,邵长林,叶正茂. 全测速测元弹道计算的数据融合算法与应用[J]. 飞行器测控学报,2003,02(4):32-36.

[18] 陈伟利,叶正茂,李颢. 多测速体制下弹道数据融合的几个问题[J]. 导弹试验技术,2005(4):42-46.

[19] 李颢,陈伟利. 测速体制下测元误差对弹道参数的精度影响分析[J]. 导弹试验技术,2005(2):42-45.

[20] 陈伟利,叶正茂,李颢. 全测速多站系统的最优布站问题与数值算法[J]. 飞行器测控学报,2005,24(6):59-62.

[21] 胡东华,郭军海,李本津. 测速雷达电波折射简易修正方法及精度分析[J]. 飞行器测控学报,2003,22(3):17-21.

[22] 崔书华,宋卫红,王敏,等. 测速系统测量数据融合算法研究及应用[J]. 弹箭与制导学报,2011,31(5):161-164.

[23] 崔书华,胡绍林,王敏,等. 多测速系统测速差分计算及误差分析[J]. 飞行力学,2011,29(6):89-93.

[24] 崔书华,胡绍林,宋卫红,等. 多测速系统最优弹道估计方法及应用[J]. 弹箭与指导学报,2012,32(4):215-218.

[25] 崔书华,宋卫红,胡绍林,等. 测速系统布站对外弹道数据处理精度影响分析[J]. 飞行力学,2012,30(2):189-192.

[26] 郭军海,吴正容,黄学德,等. 多测速雷达弹道测量体制研究[J]. 飞行器测控学报,2002,21(3):5-11.

[27] 崔书华,宋卫红,王敏. 测速系统布站对外弹道数据处理影响分析[J]. 飞行力学,2012,32(2):165-168.

[28] 崔书华,刘军虎,宋卫红. 基于拟牛顿方法的非线性求解及应用[J]. 上海航天,2013,30(3):16-18.

[29] 崔书华,宋卫红,刘军虎. 基于最小二乘改进测速测量数据处理及应用[J]. 弹箭与制导学报,2013,33(1):159-162.

[30] 崔书华,胡绍林,宋卫红. 多测速系统测量数据差分非线性求解及应用[J]. 导弹与航天运载技术,2013,(2):64-67.

第 2 章
测量数据预处理

测量数据预处理是对测量系统观测记录的原始数据(信息)进行初步加工和误差修正的处理过程,通常包含坐标转换、量纲复原、测元遴选、合理性检验、数据平滑等技术,本节主要介绍测速系统处理中经常用到的坐标转换、测元遴选、野值剔除与修复、数据滤波与平滑等方法,为后续测速数据处理提供计算基础。

2.1 坐标系统与坐标转换

导弹和运载火箭的弹道测定需要在一定的参考坐标系中进行,而参考坐标系的建立又依赖于大地测量手段和选择的大地参数。在实际的工程试验中,由于作战部门、武器制导系统、各种外弹道测量系统按各自方便和习惯,往往使用不同的坐标系,如测量设备使用测站坐标系,发射点和测站站址利用地心二号坐标系或 CGCS2000 国家大地坐标系,而在最终的弹道数据处理中,又必须将它们统一到发射坐标系中,因此,必须将不同坐标系进行转化,以期达到在同一坐标系中对数据进行处理、分析、评估的目的。

在航天试验靶场中,一般发射坐标系的定义为:发射坐标系原点为火箭竖于发射台上时惯性/惯组平台中心,X 轴在发射原点水平面内,过发射原点指向火箭射击瞄准方向,Y 轴过发射原点沿铅垂线方向向上为正,Z 轴在发射原点水平面内,与 X 轴和 Y 轴构成右手笛卡儿坐标系。测量坐标系有垂线测量坐标系和法线测量坐标系之分,连续波测量系统一般采用法线测量坐标系,其原点为无线电测量设备接收天线的旋转中心;X 轴位于原点的参考椭球体切平面内,指向大地北;Y 轴为原点的法线,向上为正;Z 轴位于过原点的切平面内,与 X 轴和 Y 轴构成右手笛卡儿坐标系。地心二号坐标系建立在地心一号椭球体上,是我国目前导弹试验中常采用的椭球体参数、坐标系和相应的大地数据。CGCS2000 国家大地坐标系,将是后期靶场试验中采用的坐标系。

坐标系之间的转换问题,最主要的转换关系是坐标原点平移和坐标轴的转换。下面,以地心坐标系为例,介绍地心坐标系、测站坐标系和发射坐标系的转换关系。

(1)地心坐标计算:

$$\begin{bmatrix} X_i \\ Y_i \\ Z_i \end{bmatrix} = \begin{bmatrix} [N_i(1-e^2)+h_i]\sin B_i \\ (N_i+h_i)\cos B_i\cos L_i \\ (N_i+h_i)\cos B_i\sin L_i \end{bmatrix}, \qquad i=0,1,\cdots,m \qquad (2-1)$$

式中:$N_i = a/(1-e^2\sin^2 B_i)^{\frac{1}{2}}$,$a$ 为相应地心参考椭球体的长半轴;e 为相应地心参考椭球体的第一偏心率;L_0,B_0,h_0,ξ_0,η_0 为发射坐标系原点的大地经度、大地纬度、大地高程、子午分量、卯酉分量;L_i,B_i,h_i,ξ_i,η_i 为第 i 测站的大地经度、大地纬度、大地高程、子午分量、卯酉分量。

(2)各测站在发射坐标系中的站址坐标:

$$\begin{bmatrix} X_{0i} \\ Y_{0i} \\ Z_{0i} \end{bmatrix} = Q_0 \begin{bmatrix} X_i-X_0 \\ Y_i-Y_0 \\ Z_i-Z_0 \end{bmatrix}, \qquad i=1,2,\cdots,m \qquad (2-2)$$

(3)测站坐标系与发射坐标系间的转换矩阵:

$$\Omega_i = Q_0 Q_i^{\mathrm{T}} \qquad (2-3)$$

式中:$Q_i = T_i U_i B_i L_i$,$i=0,1,\cdots,m$;(下同)

$$T_i = \begin{pmatrix} \cos A_{xi} & 0 & \sin A_{xi} \\ 0 & 1 & 0 \\ -\sin A_{xi} & 0 & \cos A_{xi} \end{pmatrix}, \qquad i=0,1,\cdots,m$$

$$U_i = \begin{pmatrix} 1 & -\xi_i & 0 \\ \xi_i & 1 & \eta_i \\ 0 & -\eta_i & 1 \end{pmatrix}$$

$$B_i = \begin{pmatrix} \cos B_i & -\sin B_i & 0 \\ \sin B_i & \cos B_i & 0 \\ 0 & 0 & 1 \end{pmatrix}$$

$$L_i = \begin{pmatrix} 1 & 0 & 0 \\ 0 & \cos L_i & \sin L_i \\ 0 & -\sin L_i & \cos L_i \end{pmatrix}$$

式中:m 为测站数;A_{x0} 为发射方向大地方位角;A_{xi} 为测站测量坐标系 X 轴方向大地方位角。

2.2 数据格式及复原

在对测速跟踪测量数据处理之前,首先对测速记录通道传来的原始测量数据进行复原。复原需要按照数据记录的格式要求进行解码,并按给定的量纲进行数据转换,一般情况下,从测速通道传来的原始测量数据按照二进制形式进行记录。因此,测速跟踪测量数据处理的第一步,必须要了解测速跟踪测量数据的记录格式。

2.2.1 短基线干涉仪测量数据格式及复原

短基线干涉仪通常由一个主站和几个副站构成,应答机转发的下行频率与地面站上行频率相参,主站负责发/收,副站负责单收。

2.2.1.1 数据格式

一般情况下,短基线干涉仪数据信息传输速率为 40 帧/s,每帧包括 20B。其记录格式如表 2 – 1 所列。

表 2 – 1　短基线干涉仪数据记录格式

参数	B	T	ZT	数据(NR,Nf1,Nf2,A1,E1)
字节数	1	4	1	14
位数	8	32	8	112

表 2 – 1 中,B 为信息类别码,T 为该帧测量数据所对应的绝对时,ZT 为设备状态码,NR 为主站多普勒频率,Nf1 为主站与第一副站多普勒频率差,Nf2 为主站与第二副站多普勒频率差,A1 和 E1 分别为短基线干涉仪主站天线方位、俯仰角。设备状态码格式见表 2 – 2。

表 2 – 2　短基线干涉仪状态码 ZT 格式

位序	状态	含义
b0	0,1	自跟踪
b1	0,1	数字引导
b2	0,1	模拟引导
b3	0,1	距离变化量
b4	0,1	副一站方向余弦变化量
b5	0,1	副二站方向余弦变化量
b6 ~ b7	0	留待扩充

表 2-2 中:b5、b4、b3 对应的多普勒频率,在有效状态时置 1,在无效状态时置 0;b2、b1、b0 分别对应主站天线的三种跟踪状态,且三种状态只选其一,代表天线正处于该位所表示的跟踪状态。

2.2.1.2 量纲复原

由于短基线干涉仪测量数据均按二进制形式存于记录介质中,因此在进行火箭弹道数据处理之前,必须按照记录格式将其转化成十进制数据并乘以相应量纲,这个转化过程即称为测量数据的量纲复原。

短基线干涉仪量纲复原计算:

$$\Delta R_j = \theta_{RV}(\lambda_R - N^\bullet_{R_j}) \qquad (2-4)$$

$$\Delta P_j = \theta_{PV}(\lambda_P - N^\bullet_{P_j}) \qquad (2-5)$$

$$\Delta Q_j = \theta_{PV}(\lambda_P - N^\bullet_{Q_j}) \qquad (2-6)$$

式中:λ_R 为主站插入在采样间隔时间内的整周数;λ_P 为副站指入在采样间隔时间内的整周数;$N^\bullet_{R_j}$,$N^\bullet_{P_j}$,$N^\bullet_{Q_j}$ 为相位增量数($j = 1,2,\cdots,N$);ΔR_j,ΔP_j,ΔQ_j 为距离增量数($j = 1,2,\cdots,N$);C 为光速。

其中

$$\theta_{RV} = \frac{C}{2Mf_T}$$

$$\theta_{PV} = \frac{C}{mf_T}$$

式中:M 为主站倍频系数;m 为副站倍频系数;f_T 为下行频率。

2.2.2 多测速测量数据格式及复原

高精度多测速测量系统,由一主多副测速雷达组成测量体制。测速雷达的跟踪测量数据通过记录分系统完成数据记录、存储,测量数据按照一定的约定格式进行存放。

2.2.2.1 数据格式

高精度多测速测量数据的信息传输速率一般有 20 帧/s 和 80 帧/s 之分,每帧包括 26B,以某型号的测速雷达数据记录格式为例,格式如表 2-3 所列。

表 2-3 测速雷达数据记录格式

参数	B	T	ZT	数据(fdA,fdB,A,E,ΔUA,ΔUB,SA,SB)
字节数	1	4	1	20
位数	8	32	8	160

表 2 – 3 中,B 为信息类别码;T 为时标,二进制整数表示,量化单位 0.1ms;ZT 表示设备状态,见表 2 – 4;fdA、fdB 分别表示 A、B 通道有效测速数据,二进制补码表示;A、E 分别为方位角、俯仰角,二进制原码表示,高位填零;ΔUA、ΔUB 分别表示方位角、俯仰角误差电压;SA、SB 分别为 A、B 通道的接收信号电平。

设备状态码格式见表 2 – 4。

表 2 – 4 状态码 ZT 格式

位序	状态	含义
b0	0,1	同步数字互引导
b1	0,1	数字引导
b2	0,1	自跟踪
b3	0,1	通道 A
b4	0,1	通道 B
b5	0,1	程序引导
b6 ~ b7		留待扩充
注:0 表示无效;1 表示有效		

2.2.2.2　量纲复原

高精度多测速系统数据的量纲复原,就是根据测量原理和转换关系将二进制数变换成所需物理量的过程。主要参数量纲复原如下:

(1)多普勒频率量纲复原:

$$f_d = n \cdot l \tag{2-7}$$

式中:n 为二进制码转换后的十进制数据;l 为量化单位。

(2)时间数据量纲复原:

$$t = mh \tag{2-8}$$

式中:m 为二进制码转换后的十进制数据;h 为量化单位。

2.3　测量数据遴选

利用多个测速测元进行弹道跟踪数据融合处理时,不仅可以估计系统误差,同时还能减少随机误差的影响。但在测元较多的情况下,会因设备的故障、环境条件的影响或人为因素等原因,使得个别测元处于异常状况,在多测速测元的融合模型中,首先必须识别和剔除异常测元,否则这些异常测元与正常测元融合后,会引发弹道参数估计精度下降。

2.3.1 单个测量数据遴选

对于第 $j(j=1,2,\cdots,M)$ 个测元的评估,主要是验证 $y_{ji}(i=1,2,\cdots,m)$ 是否满足模型:

$$\begin{cases} y_{ji} = \sum_{l=1}^{N} c_l \psi_l(t_i) + e_j(t_i) \\ \{e_j(t_i)\}\{e_j(t_i)\} \sim N(0,1) \end{cases} \qquad (2-9)$$

式中:$\{\psi_1(t),\psi_2(t),\cdots,\psi_N(t)\}$ 为一组已知的基函数,N 随节点的分布决定,节点距越小,N 越大,节点距越大,N 越小。

在节点距确定后,N 和 $\psi_i(t)(i=1,2,\cdots,N)$ 就确定了,从而可以验证式(2-9)是否成立。

在单个测元评估中,若异常数据较多,使式(2-9)不成立,则在联合建模时,不能使用该测元。应首先给出 $e_j,(j=1,2,\cdots,M)$ 的参数及统计特性的估计,从而对式(2-9)作用 $\Phi_{E_j}(B)$ 后可得模型

$$\tilde{y}_{ji} = \Phi_{E_j} \sum_{l=1}^{N} c_l \psi_l(t_i) + \varepsilon_j(t_i), i=1,2,\cdots,m \qquad (2-10)$$

式中:$\varepsilon_j(j=1,2,\cdots,M)$ 为白噪声序列。

2.3.2 多个测量数据遴选

把所有的单测元评估合格的测元联立,建立融合模型。首先建立单测元的非线性模型,即 $j(j=1,2,\cdots,M)$ 个测元的模型:

$$Y_j = f_j(C) + U_j\alpha_j + e_j, e_j \sim (0,\sigma_j^2 I) \qquad (2-11)$$

式中:$U_j\alpha_j$ 为系统误差;$f_j(C)$ 由测元的定轨方式决定。

由式(2-11),可以得到融合模型

$$\begin{cases} \sigma_1^{-1}Y_1 = \sigma_1^{-1}f_1(C) + \sigma_1^{-1}U_1\alpha_1 + \sigma_1^{-1}e_1 \\ \sigma_2^{-1}Y_2 = \sigma_2^{-1}f_2(C) + \sigma_2^{-1}U_2\alpha_2 + \sigma_2^{-1}e_2 \\ \vdots \\ \sigma_M^{-1}Y_M = \sigma_M^{-1}f_M(C) + \sigma_M^{-1}U_M\alpha_M + \sigma_M^{-1}e_M \end{cases} \qquad (2-12)$$

记 $1,2,\cdots,j$ 个测元待估参数为 $\beta^{(j)}$,

$$\tilde{Y}_j = \sigma_j^{-1}Y_j$$

$$\tilde{\boldsymbol{e}}_j = \boldsymbol{\sigma}_j^{-1} \boldsymbol{e}_j$$

$$\boldsymbol{Y}^{(j)} = (\tilde{\boldsymbol{Y}}_1^{\mathrm{T}}, \tilde{\boldsymbol{Y}}_2^{\mathrm{T}}, \cdots, \tilde{\boldsymbol{Y}}_j^{\mathrm{T}})^{\mathrm{T}}$$

$$\boldsymbol{e}^{(j)} = (\tilde{\boldsymbol{e}}_1^{\mathrm{T}}, \tilde{\boldsymbol{e}}_2^{\mathrm{T}}, \cdots, \tilde{\boldsymbol{e}}_j^{\mathrm{T}})^{\mathrm{T}}$$

式中：$j = 1, 2, \cdots, M$。$\boldsymbol{\alpha}_i$ 与 $\boldsymbol{\alpha}_k (i \neq k)$ 可能有一部分分量是相同的，$\boldsymbol{\beta}^{(j)}$ 中 $\boldsymbol{\alpha}_i$ 与 $\boldsymbol{\alpha}_k$ 中相同的分量只保留一个。

考虑以下两个模型，$1, 2, \cdots, M-1$ 个测元的融合模型和 $1, 2, \cdots, M$ 个测元的融合模型：

$$\boldsymbol{Y}^{(M-1)} = F(\boldsymbol{\beta}^{(M-1)}) + \boldsymbol{e}^{(M-1)} \tag{2-13}$$

$$\boldsymbol{Y}^{(M)} = F(\boldsymbol{\beta}^{(M)}) + \boldsymbol{e}^{(M)} \tag{2-14}$$

式(2-13)与式(2-14)相比，少了一个测元 $\tilde{\boldsymbol{Y}}_M$。相应地就少了 m 个回归方程，同时，式(2-13)的待估参数是 $\boldsymbol{\beta}^{(M-1)}$，而式(2-14)的待估参数是 $\boldsymbol{\beta}^{(M)}$。很明显式(2-14)的待估参数更多一些。

为了讨论的方便，记 $\boldsymbol{\beta}_P = \boldsymbol{\beta}^{(M-1)}, \boldsymbol{\beta} = \boldsymbol{\beta}^{(M)}$，设其分量个数分别为 p 和 n。式(2-13)和式(2-14)可分别简写为

$$\boldsymbol{Y}_p = F_p(\boldsymbol{\beta}_p) + \boldsymbol{e}_p \tag{2-15}$$

$$\boldsymbol{Y} = F(\boldsymbol{\beta}) + \boldsymbol{e} \tag{2-16}$$

2.3.3 基于残差准则的测量数据遴选

讨论是否该丢弃第 M 个测元 $\boldsymbol{Y}_M$，首先计算：

$$\| \boldsymbol{Y}_p - F_P(\hat{\boldsymbol{\beta}}_P) \|^2 = \min_{\boldsymbol{\alpha} \in R^P} \| \boldsymbol{Y}_P - F_P(\boldsymbol{\alpha}) \|^2 \tag{2-17}$$

$$\| \boldsymbol{Y} - F(\hat{\boldsymbol{\beta}}) \|^2 = \min_{\boldsymbol{\alpha} \in R^n} \| \boldsymbol{Y} - F(\boldsymbol{\alpha}) \|^2 \tag{2-18}$$

假设每一测元都有 m 个时刻$(t_1, t_2, \cdots, t_m)$的观测数据，比较如下 $\hat{\sigma}_P$ 与 $\hat{\sigma}^2$ 的大小：

$$\hat{\sigma}_P^2 = \frac{\| \boldsymbol{Y}_P - F_P(\hat{\boldsymbol{\beta}}_P) \|^2}{m(M-1) - p} \tag{2-19}$$

$$\hat{\sigma}^2 = \frac{\| \boldsymbol{Y} - F(\hat{\boldsymbol{\beta}}) \|^2}{mM - n} \tag{2-20}$$

给定阈值 τ_1，若 $|\hat{\sigma}^2 - \hat{\sigma}_p^2| > \tau_1$，则认为 $\boldsymbol{Y}_M$ 中有模型不清楚的系统误差，该测元不可用。

2.3.4 基于弹道参数的测量数据遴选

确定待估参数后,为得到高精度的弹道.还要进一步淘汰对弹道精度有较大影响的测元。

无论是 β 还是 β_p,前面的分量 C 都是弹道参数的样条系数(或其他基函数对应的系数),设 C 的维数是 $3N$,那么

$$3N \leqslant p \leqslant n$$

记

$$\boldsymbol{A} = (\boldsymbol{a}_{ij})_{p \times p} = \hat{\sigma}_p^2 \left[\nabla F_p(\hat{\boldsymbol{\beta}}_p)^{\mathrm{T}} \nabla F_p(\hat{\boldsymbol{\beta}}_p) \right]^{-1}$$

$$\boldsymbol{B} = (\boldsymbol{b}_{ij})_{n \times n} = \hat{\sigma}^2 \left[\nabla F(\hat{\boldsymbol{\beta}})^{\mathrm{T}} \nabla F(\hat{\boldsymbol{\beta}}) \right]^{-1}$$

而

$$\mathrm{COV}(\hat{\boldsymbol{\beta}}_p) \approx \boldsymbol{A}, \mathrm{COV}(\hat{\boldsymbol{\beta}}) \approx \boldsymbol{B} \tag{2-21}$$

于是,对于给定阈值 τ_2,若

$$\left| \sum_{i=1}^{3N} b_{ii} - \sum_{i=1}^{3N} a_{ii} \right| > \tau_2 \tag{2-22}$$

则认为加进了测元 $\boldsymbol{Y}_M$ 对改进弹道参数的估计有不良影响,该测元应当丢弃。若待遴选的测元不是最后一个,则换到最后即可。τ_2 的确定,可直接根据对弹道精度的要求来确定,对于准则式(2-22),若弹道参数为

$$\boldsymbol{X}(t_i) = (x(t_i), y(t_i), z(t_i), \dot{x}(t_i), \dot{y}(t_i), \dot{z}(t_i))^{\mathrm{T}}$$

$$= (x_1(t_i), x_2(t_i), x_3(t_i), x_4(t_i), x_5(t_i), x_6(t_i))^{\mathrm{T}}$$

$$\boldsymbol{X}(t_i) = \boldsymbol{\Psi}(t_i) C$$

$$\boldsymbol{X} = (\boldsymbol{X}(t_1)^{\mathrm{T}}, \cdots, \boldsymbol{X}(t_m)^{\mathrm{T}})^{\mathrm{T}}$$

$$\boldsymbol{\Psi} = (\boldsymbol{\Psi}(t_1)^{\mathrm{T}}, \cdots, \boldsymbol{\Psi}(t_m)^{\mathrm{T}})^{\mathrm{T}}$$

$$\hat{\boldsymbol{X}}_p = \boldsymbol{\Psi}\hat{C}_p = (\hat{x}_{1,p}(t_1), \cdots, \hat{x}_{6,p}(t_1), \cdots, \hat{x}_{1,p}(t_m), \cdots, \hat{x}_{6,p}(t_m))^{\mathrm{T}},$$

$$\hat{\boldsymbol{X}} = \boldsymbol{\Psi}\hat{C} = (\hat{x}_1(t_1), \cdots, \hat{x}_6(t_1), \cdots, \hat{x}_1(t_m), \cdots, \hat{x}_6(t_m))^{\mathrm{T}}$$

式中:$\hat{C}_p, \hat{C}$ 分别为由式(2-17)、式(2-18)得到的弹道参数的系数的估计值,对于给定的精度指标(阈值) $\boldsymbol{\tau} = (\tau_1, \tau_2, \tau_3, \tau_4, \tau_5, \tau_6)^{\mathrm{T}}$,若 $\left(\frac{1}{m} \sum_{i=1}^{m} (\hat{x}_j(t_i) - \hat{x}_{j,p}(t_i))^2 \right)^{\frac{1}{2}} > \tau_j (j = 1, 2, \cdots, 6)$,则认为加进了测元 $\boldsymbol{Y}_M$ 对改进弹道参数的估计有不良影响,该测元应当丢弃。

2.4 野值剔除与修复

由于跟踪环境、设备工况和操作过程中各种突发性异变因素的影响,在运载火箭、人造卫星和导弹等各类飞行器跟踪测量过程中,不可避免地存在着诸如异常数据、异常点(Outliers)等明显偏离大部分数据所呈现变化趋势的小部分"野值"数据。三十多年航天发射测控的实践和国内外大量的理论研究、仿真分析、应用实例表明:"野值"对航天测控等领域广泛采用的各种经典处理方法(如多项式平滑微分方法、最小二乘法、卡尔曼滤波方法、极大熵谱估计方法等)有极大的破坏作用,轻则影响计算结果的可靠性,重则导致计算结果失真、控制策略错误,甚至整个算法崩溃,直接威胁到弹/轨道确定的可靠性和控制策略的安全性。这里,我们提出适应靶场外测数据处理工程的野值点的检测与修复方法,以期提高数据处理的有效性。

2.4.1 离散单点异常识别与修复

对于等时间间隔的采样序列 $\{y(t_k), k = 1, 2, 3, \cdots\}$,采用滑动中值滤波算法,构造如下改进型:

1)适当设置参数 k_1

按

$$\hat{y}_{j|k_1} = \begin{cases} y_j, & j = 1, \cdots, k_1, \cdots, n - k_1, \cdots, n \\ \text{med}\{y(t_{j-k_1}), \cdots, y(t_j), \cdots, y(t_{j+k_1})\}, & k_1 < j < n - k_1 \end{cases} \quad (2-23)$$

构造滑动中值滤波序列 $\{\hat{y}_{j|k_1} \ j = 1, 2, 3, \cdots\}$。

2)适当设置参数 k_2

对一次中值滤波结果进行均值滤波:

$$\hat{\hat{y}}_j = \begin{cases} \hat{y}_{j|k_2}, & j = 1, \cdots, k_2; n - k_2, \cdots, n \\ \dfrac{1}{2k_2 + 1} \sum_{s=j-k_2}^{j+k_2} \hat{y}_{s|k_2}, & k_2 < j < n - k_2 \end{cases} \quad (2-24)$$

3)残差生成

为补偿中值滤波对采样信号序列中趋势性分量的不利影响,构造采样信号与"中值–均值"滤波的比对残差序列:

$$\Delta y_i = y(t_i) - \hat{\hat{y}}_i, \quad i = 1, 2, 3, \cdots \quad (2-25)$$

4) 残差滤波

对残差序列 $\{\Delta y_i, \ i=1,2,3,\cdots\}$ 重复利用式(2-23)至式(2-25)进行计算,得到残差序列的滑动中值-均值滤波估计 $\{\Delta \hat{y}_i, i=1,2,3,\cdots\}$

$$\Delta \hat{y}_j = \begin{cases} \Delta \hat{y}_{j|k_1}, j=1,\cdots,k_2,\cdots,n-k_2,\cdots,n \\ \dfrac{1}{2k_2+1}\sum_{s=j-k_2}^{j+k_2} \Delta \hat{y}_{s|k_1}, k_2 < j < n-k_2 \end{cases} \quad (2-26)$$

5) 残差补偿

计算序列 $\{y(t_i); i=1,2,3,\cdots\}$ 的最终滤波估计值为

$$\tilde{y}(t_i) = \hat{y}_i + \Delta \hat{y}_i, i=1,2,3,\cdots \quad (2-27)$$

上述的洁化算法是分两段进行的,并且每一阶段都用到一次中值滤波和一次均值滤波处理。为保证双重中值容错滤波算法的容错能力,选取可调参数 k_1 和 k_2 时必须满足下列两个约束条件:

$$k_i > \max\left\{\frac{r_j}{2}, j=1,2,\cdots,d_p\right\} \quad , i=1,2 \quad (2-28)$$

$$k_i < \min\{d_j, j=1,2,\cdots,d_p-1\} \quad , i=1,2 \quad (2-29)$$

式中:d_p 为采样数据序列 $\{y_i | i=1,2,\cdots,d_p-1\}$ 中斑点的个数;r_j 为第 j 个斑点的半径(即斑点中所含异常数据的个数的一半);d_j 为第 j 个和第 $j+1$ 个斑点之间正常数据的个数。

一般地,k_1 和 k_2 不宜过大,只要满足式(2-28)和式(2-29)即可。基于式(2-26)的滤波结果,可以构造"安全管道",可判断超出安全管道内的测量数据为异常数据。

2.4.2　斑点识别与修复

对于斑点型野值,由于丢失的数据比较多,用一般的野值修复、合理性检验等方法根本无效,而且很容易使数据偏离,为此,我们对数据的特性、一阶差分、二阶差分、丢失数据前后的变化趋势及其相关性等进行了详细分析与研究,根据恒加速度运动规律得出了修正公式,通过仿真数据验证,达到了预期效果。

设数据序列为 $a_1, a_2, \cdots a_i, \cdots, a_j, \cdots, a_n$,其中 $a_i, \cdots, a_j$ 为异常数据,针对测速数据特性,可以将这段测量数据的变化近似看作恒加速度运动,或者参考前后加速度变化趋势构建异常处加速度变化趋势。

令

$$\bar{d} = \frac{a_{j+1}-a_{i-1}}{(j+1)-(i-1)} = \frac{a_{j+1}-a_{i-1}}{j-i+2} \quad (2-30)$$

由恒加速度运动规律得出：

（1）若 $j-i=2n$（n 为自然数），则

$$\begin{cases} d_k = d_{k+1} - d_2 = d_{k+2} - d_2 - d_2 = d_{\frac{i+j}{2}} - \left(\dfrac{i+j}{2} - k\right)d_2, & k < \dfrac{i+j}{2} \\ d_k = d_{k-1} + d_2 = d_{k-2} + d_2 + d_2 = d_{\frac{i+j}{2}} + \left(k - \dfrac{i+j}{2}\right)d_2, & k \geqslant \dfrac{i+j}{2} \end{cases} \quad (2-31)$$

式中：$d_{\frac{i+j}{2}} = \bar{d} + 0.5d_2$。

（2）若 $j-i=2n+1$（n 为自然数），则

$$\begin{cases} d_k = d_{k+1} - d_2 = d_{k+2} - d_2 - d_2 = d_{\frac{i+j-1}{2}} - \left(\dfrac{i+j-1}{2} - k\right)d_2, & k < \dfrac{i+j-1}{2} \\ d_k = d_{k-1} + d_2 = d_{k-2} + d_2 + d_2 = d_{\frac{i+j-1}{2}} + \left(k - \dfrac{i+j-1}{2}\right)d_2, & k \geqslant \dfrac{i+j-1}{2} \end{cases} \quad (2-32)$$

式中：$d_{\frac{i+j-1}{2}} = \bar{d}$。

综合（1）、（2），得到

$$d_k = \bar{d} + \left(k - \dfrac{i+j-1}{2}\right)d_2, \quad k = i, i+1, \cdots, j \quad (2-33)$$

式中：d_2 为恒定加速度，即恒定的二阶差分预估值，故

后推法：

$$a_k = a_{k-1} + d_{k-1} = a_{k-2} + d_{k-2} + d_{k-1} = a_{i-1} + d_{k-1} + \cdots + d_{i-1}$$

$$= a_{i-1} + \sum_{h=i-1}^{k-1} \left[d_1 + (h - \dfrac{i+j-1}{2})d_2 \right] \quad (2-34)$$

前推法：

$$a_k = a_{k+1} - d_k = a_{k+2} - d_{k+1} - d_k = a_{j+1} - d_j - \cdots - d_k$$

$$= a_{j+1} - \sum_{h=k}^{j} \left[d_1 + (h - \dfrac{i+j-1}{2})d_2 \right] \quad (2-35)$$

整理得到后推法与前推法的修正公式：

$$a_k = a_{i-1} + (k-i+1)\bar{d} - \dfrac{(k-i+1)(j-k+1)}{2}d_2, \quad k = i, i+1, \cdots, j \quad (2-36)$$

$$a_k = a_{j+1} - (j-k+1)\bar{d} - \dfrac{(j-k+1)(k-i+1)}{2}d_2, \quad k = i, i+1, \cdots, j \quad (2-37)$$

式（2-36）和式（2-37）即为斑点型野值修正公式，修正后的数据平稳性可以达到二阶差分。

上述修正公式的适用条件包括以下两点：

（1）数据本身的变化趋势在 $a_i, \cdots, a_j$ 前后未发生明显变化，大致判断方式为：$\bar{d}$ 介于 d_1 与 d_2 之间，其中 $d_1 = a_{i-1} - a_{i-2}$；$d_2 = a_{j+2} - a_{j+1}$。

（2）数据在 $a_i, \cdots, a_j$ 前后的二阶差分平稳，不存在明显趋势。

2.4.3 实例分析

根据修正公式,结合测量数据进行分析。首先观测数据符合修正公式的适用条件,其原始数据跟踪情况(100～150s)如图2-1～图2-6所示,其中图2-1、图2-3、图2-5为原始数据曲线图,图2-2、图2-4、图2-6为二阶差分后的曲线图。

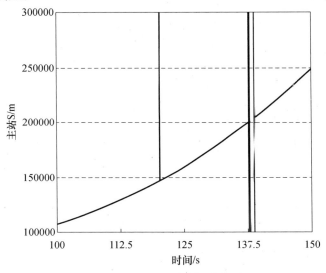

图2-1 主站原始数据曲线图

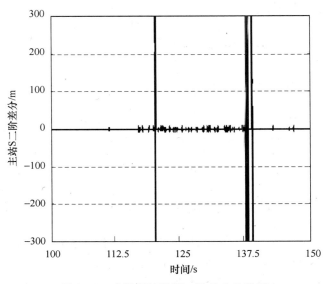

图2-2 主站原始数据二阶差分曲线图

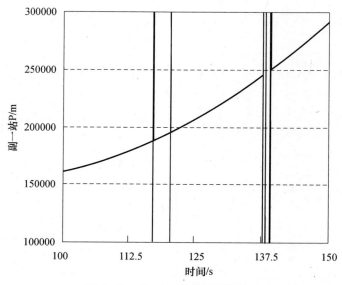

图 2-3 副一站原始数据曲线图

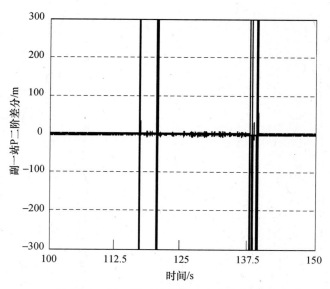

图 2-4 副一站原始数据二阶差分曲线图

从图 2-1~图 2-6 可以明显看出,数据坏点前后的变化趋势平稳,二阶差分平稳,不存在明显趋势,符合适用条件,可以使用该修正公式。

图 2-7~图 2-12 为修正后的数据及修正后的二阶差分曲线图。

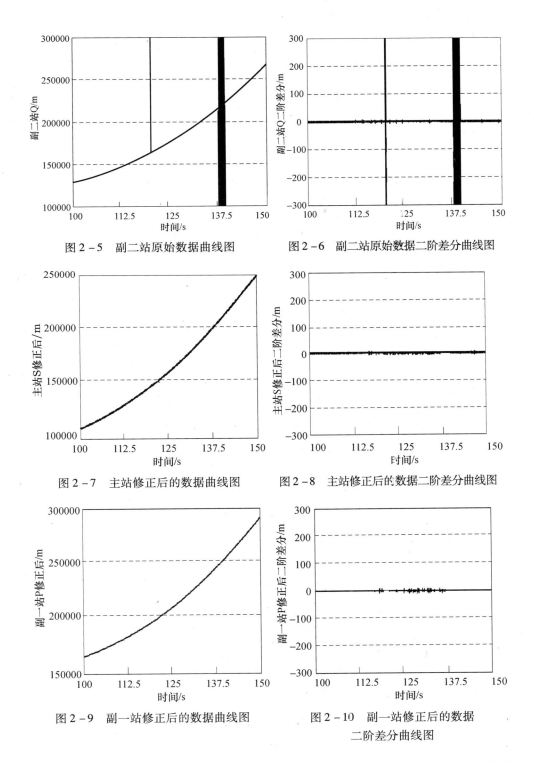

图 2-5　副二站原始数据曲线图　　　　图 2-6　副二站原始数据二阶差分曲线图

图 2-7　主站修正后的数据曲线图　　　图 2-8　主站修正后的数据二阶差分曲线图

图 2-9　副一站修正后的数据曲线图　　图 2-10　副一站修正后的数据
二阶差分曲线图

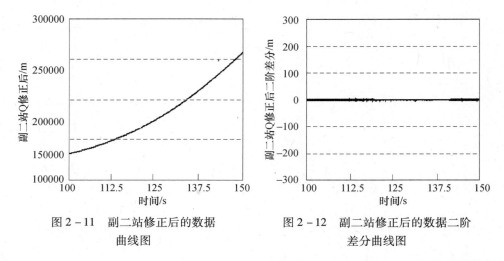

图 2 – 11 副二站修正后的数据
曲线图

图 2 – 12 副二站修正后的数据二阶
差分曲线图

从图 2 – 7 ~ 图 2 – 12 可以明显看出,数据修复后,坏点全部修掉,没有遗漏,而且修复的数据接头平稳光滑,没有台阶,验证了方法的可行性,经任务应用,效果很好,方便快捷。不仅提高了数据分析的速度,而且提高了数据质量,进一步完善了外测数据质量分析方法,收到了很好的使用效果,具有良好的工程应用价值。

2.5 滤波与平滑

数据滤波的方法比较多,不同方法的适用范围或效果差别很大。在实际工作中,有些经典最优的平滑方法对质量不好的数据平滑效果并不好。在外弹道数据处理过程中,选取合适的滤波不仅关系到数据滤波效果,还直接影响到弹道计算结果的精度和可靠性。目前,数据滤波技术在其他领域中有广泛的应用,参考文献也诸多,但如何选取合适的滤波方法,提高外弹道测量数据的可用性,此方面的文献比较稀少。

测控网中,由于设备工作原理互不相同、设备精度高低不一、运载火箭等飞行器的运行环境和气候变化千差万别,测量数据误差是不可避免的,局部弧段数据大幅波动、数据丢失、数据散乱、数据异常等情况的发生更是难免的。面对各种错综复杂的测量数据,如何从误差淹没或杂乱的数据中提取真实信号,是一项亟待解决的技术课题。本节将采用一种全新的技术思路,对异常数据进行有效的处理,以期解决影响外弹道数据处理质量和精度的这个"瓶颈"问题。

这里提出的运动目标跟踪测量数据的滤波处理方法,是靶场试验任务中数据预处理工作的重要一环,其目的是减小或消除采样序列中随机误差分量,改进数据的质量,为保证数据处理方法与处理结果的可靠性、提高处理精度、改善处理结果质量提供有效支持。

2.5.1 滤波方法

统计诊断领域,最早是将异常数据点描述成离群点,即严重偏离大部分数据的小部分数据点。离群点是一个静态概念,并没有全面反映测控过程的异常数据形态。针对航天测控过程的特殊性,这里将跟踪测量过程动态测量数据的异常点描述为"明显偏离了大部分数据所呈现变化趋势的小部分样本点",并借鉴Denby 和 Martin 对异常数据的"加性"分解模型,将实测数据分解为三部分:

$$y(t_k) = x(t_k) + s(t_k) + o(t_k) \qquad (2-38)$$

式中:$y(t_k)$ 为采样数据;$x(t_k)$ 为名义上存在但无法准确获取的真值序列;$s(t_k)$ 为随机误差引发的数据扰动;$o(t_k)$ 为部分时间出现的、绝对值显著大于零的污染数据序列,对异变概率 γ 的污染序列 $\{o(t_k)\}$ 可进一步模型表示为

$$P\{|o(t_k)| > >0\} = \gamma \qquad (2-39)$$

这一描述性定义用"偏离变化趋势"代替"离群",更好地体现了动态过程采样系列可能存在的时变特性。

国内外大量的理论研究和长期的工程实践证实,在采样序列中,当异常点出现的概率 $\gamma \neq 0$ 时,常规的各种线性最优滤波或平滑算法(例如,多项式平滑、指数滤波、卡尔曼滤波与平滑等),会因为算法本身缺乏对异常数据的容错能力,而导致平滑结果因异常数据影响而出现异常"鼓包",甚至变形,影响到信号处理的可靠性与过程控制的安全性。

2.5.2 滤波算法设计

为了消除异常数据对数据质量的影响,探索和建立了一组简易实用的对野值点或野值斑点有容错能力的新型算法。

对于任意 n 个数据 $\{y_1, \cdots, y_n\}$ 构成的片段,按照数值大小进行排序,记排序后的结果为 $\{y_{(1)}, \cdots, y_{(n)}\}$,构造容错滤波器

$$F(\{y_1, \cdots, y_n\}, n) = \frac{1}{q_3 - q_1 + 1} \sum_{q_1}^{q_3} y_{(i)} \qquad (2-40)$$

式中:$q_3 = \left[\frac{3n}{4}\right], q_1 = \left[\frac{n}{4}\right]$,$[*]$ 为四舍五入取整算子。

可以证明,如果 $\{y_1, \cdots, y_n\}$ 属于来自平稳过程或独立同分布对象的采样数据,即使其中有接近 25% 的数据发生异常,也不会影响四分位算子的计算结果

的可靠性。由此可见，四分位算子具备良好的容错能力。

对非平稳过程采样信号序列$\{y(t_i),i=1,2,3,\cdots\}$，其中，$t_i=t_0+ih$，$h$为采样间隔，利用四分位算子所具备良好的容错能力，可以构造采样信号的滑动窗四分位组合容错算法：

（1）选择适当的窗口宽度参数k，对采样数据序列$\{y(t_i),i=1,2,3,\cdots\}$进行滑动窗四分位平滑：

$$\hat{y}(t_i)=F(\{y(t_{i-k}),\cdots,y(t_{i+k})\},2k+1) \qquad (2-41)$$

平滑初值：

$$\begin{cases} \hat{y}(t_1)=y(t_1) \\ \quad\vdots \\ \hat{y}(t_k)=y(t_k) \end{cases} \qquad (2-42)$$

形成一次滤波序列$\{\hat{y}(t_i),i=1,2,3,\cdots\}$。

（2）比较一次平滑与采样信号的差异：

$$\tilde{y}(t_i)=y(t_i)-\hat{y}(t_i),i=1,2,3,\cdots \qquad (2-43)$$

形成平滑残差序列$\{\tilde{y}(t_i),i=1,2,3,\cdots\}$。

（3）对残差序列进行四分位平滑：

$$\hat{\tilde{y}}(t_i)=F(\{\tilde{y}(t_{i-k}),\cdots,\tilde{y}(t_{i+k})\},2k+1) \qquad (2-44)$$

（4）对采样序列的二次四分位平滑和残差序列的二次四分位平滑进行线性组合：

$$\hat{\hat{y}}(t_i)=\hat{y}(t_i)+\hat{\tilde{y}}(t_i),i=1,2,3,\cdots \qquad (2-45)$$

得到采样序列的容错平滑$\{\hat{\hat{y}}(t_i),i=1,2,3,\cdots\}$。

可以证明，由于均值算子的特性，只要采样序列的任一长度大于或等于窗口宽度k的片断，野值点数$m_{out}<\dfrac{1}{4}k$，即任意局部弧段出现异常数据个数少于该弧段样本点数的$\dfrac{1}{4}$，则此容错平滑算法可以确保平滑结果不失真。

2.5.3 算法评价指标

从数字信号处理的角度看，一个平滑算法的优劣，主要体现在三个方面：滤波前后吻合度、滤波结果光滑度、信噪比。

1）吻合度

滤波过程是从受扰动或污染的对象中提取信号的过程,提取信号的最基本要求是"真实",即提取的信号不应该远离真实的信号。鉴于此,在加性假定下,对采样对象$\{y(t_i) = s(t_i) + n(t_i), i = 1,2,3,\cdots\}$,滤波结果$\{\hat{\hat{y}}(t_i), i = 1,2,3,\cdots\}$在整体上应充分接近信号$\{s(t_i), i = 1,2,3,\cdots\}$。因此,吻合度的评估可采用最大离差和平均离差评价。

（1）最大离差:

$$S_{\max} = \max\{|y(t_i) - \hat{\hat{y}}(t_i)|\} \qquad (2-46)$$

（2）平均离差:

$$\bar{S} = \frac{1}{n} \sum |y(t_i) - \hat{\hat{y}}(t_i)| \qquad (2-47)$$

$S_{\max}$和$\bar{S}$越小,则说明滤波后的$\hat{\hat{y}}(t_i)$与原信号吻合度越好,处理获取的信号偏离越接近真实信号;$\bar{S}$很小,但$S_{\max}$很大,则说明整体吻合度很好,但有部分存在吻合不好的情况。

2）光滑度

微分学理论告诉我们,函数一阶可导时,曲线是光滑的,高阶可导时,曲线更光滑。吸收上述思想,建立 I - 光滑和 II - 光滑指标:

I - 光滑:

$$S_{\max}^{\mathrm{I}} = \max\left\{\frac{|\hat{\hat{y}}(t_i) - \hat{\hat{y}}(t_{i-1})|}{t_i - t_{i-1}}\right\} \qquad (2-48)$$

II - 光滑:

$$S_{\max}^{\mathrm{II}} = \max\left\{\frac{|\hat{\hat{y}}(t_i) - 2\hat{\hat{y}}(t_{i-1}) + \hat{\hat{y}}(t_{i-2})|}{(t_i - t_{i-1})^2}\right\} \qquad (2-49)$$

$S_{\max}^{\mathrm{I}}$和$S_{\max}^{\mathrm{II}}$越小,则说明曲线越光滑。

3）信噪比

信噪比,即 SNR(Signalto Noise Ratio),信噪比越高表明它产生的杂质越小。一般来说,信噪比越大,说明混在信号里的噪声越小,质量越高,否则就是失真偏大。这里采用如下形式的公式进行信噪比计算:

$$\mathrm{SNR} = 10 \cdot \lg\left(\frac{\sum_{i=k}^{n-k} \hat{\hat{y}}_i^2}{\sum_{i=k}^{n-k} (y_i - \hat{\hat{y}}_i)^2}\right) \qquad (2-50)$$

式中:y_i为原始信号;$\hat{\hat{y}}_i$为降噪后的信号。

2.5.4 实例分析

对某测量设备的测距数据与标称弹道反算之后的比对残差进行滤波,图 2-13 是采用此滤波方法前后的效果图,图 2-14 是采用传统多项式平滑前后的效果图。

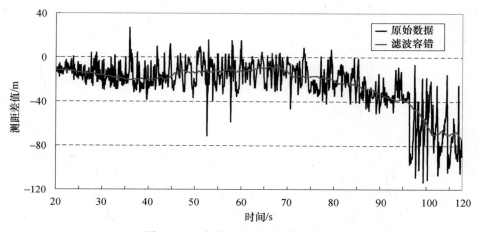

图 2-13　本节滤波方法前后效果图

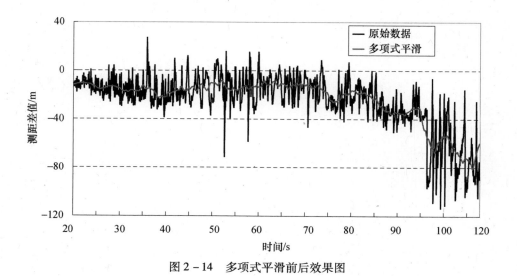

图 2-14　多项式平滑前后效果图

采用评价指标对容错效能进行统计,结果如表 2-5 所列。

表 2－5　滤波与多项式平滑效果性能比对表

参数 方法	吻合度		光滑度	
	S_{max}	$\bar{S}$	S_{max}^{I}	S_{max}^{II}
滤波	19.88569	0.49307	23.12651	168.95034
多项式平滑	60.23664	9.11958	278.05749	470.67484

从表 2－5 中可以明显看出,无论是吻合度还是光滑度,本节介绍的滤波方法比多项式平滑方法有明显的优势。

以某设备的跟踪测量数据为例,分析其测元滤波前后的数据情况。图 2－15 为采用滤波技术前后方位角数据比对图,图 2－16 为采用滤波技术前后俯仰角数据比对图。

从图 2－15 和图 2－16 中可以看出有大量"杂质"及斑点情况,但数据中存在的大量随机误差量和异常数据均被有效剔除。在信噪比 $SNR_A = 0.001005$、$SNR_E = 2.104622$ 如此低的情况下,完成了从大量的"杂质"信息中提取有效数据。

本节中提出的容错算法对异常数据具有良好容错能力,可以从各种带杂质和误差的数据中准确提取信号。实测数据计算证实:该算法可以从各种杂乱数据和信噪比很低甚至被噪声淹没数据中有效提取信号,并达到很好的弹道数据处理效果,明显提高数据处理精度。

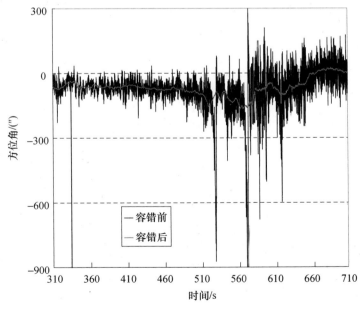

图 2－15　方位角容错平滑比对图

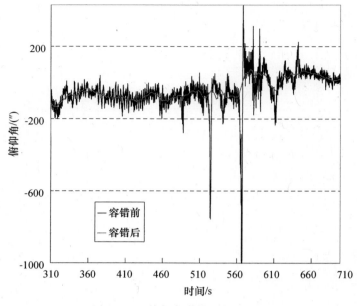

图 2 - 16   俯仰角容错平滑比对图

参考文献

[1] 导弹(火箭)测控设备 IP 化改造事后数据交换格式约定[S]. 北京:装备部军标出版发行部发行,2009.

[2] 罗海银,刘利生,李安. 导弹航天测控通信技术词典[M]. 北京:国防工业出版社,2001.

[3] 刘利生. 外弹道测量数据处理[M]. 北京:国防工业出版社,2002.

[4] 周海银. 导弹航天测控通信技术词典[M]. 北京:国防工业出版社,2001.

[5] 胡绍林,黄刘生,王敏. 非平稳信号的双重中值容错平滑算法[J]. 中国空间科学技术,2004,4:6 - 10.

[6] Shuhua Cui,ShaoinHu,Si Shen. A Novel Method for Filtering Processing of Radar Data[C]. Yantai,China:Institute of Electrical and Electronics Engineers Tnc.

[7] 范春石,张高飞,孙剑,等. 卫星姿态确定的分布式非线性滤波方法[J]. 清华大学学报(自然科学版),2010(50)2:224 - 228.

[8] 卢军锋,吴钟鸣,王荣浩. 不确定非线性切换系统鲁棒容错 H∞ 控制与仿真[J]. 计算机仿真:2013,6(30):320 - 325.

[9] Hu Shaolin, Karl Meinke, Huang Liusheng. Fault - Tolerant Fitting and Online Diagnosis of Faultsin SISO Process[C]. Beijing China:Proc of the 6th Symposium on Fault Detection,Supervision and Safety of Technical Process,2006

[10] Hu,Shao - Lin;Meinke,karl;Chen,Ru - Shan. Fault - tolerant algorithm of signal reconstruc-

tion in computer controlled system. Journal og System Simulationp[J]. 1996,18(s−2):841 −843.

[11] 胡绍林,黄刘生. 非平稳信号的2*2型双重中值容错滤波算法[J]. 系统仿真学报, 2004,16(7):1580−1583.

[12] 胡绍林,黄刘生. 自旋稳定卫星姿态参数的容错 Kalman 滤波[J]. 中国空间科学技术, 2003,23(1):66−70.

[13] 王正明. 弹道跟踪数据的校准与评估[M]. 长沙:国防科学技术大学出版社,1999.

[14] 曹祥宇,胡昌华,乔俊峰. 考虑执行机构故障的导弹姿态控制系统的集成容错控制[J]. 宇航学报,2013(34)7:938−945.

[15] 范春石,张高飞,孙剑,等. 卫星姿态确定的分布式非线性滤波方法[J]. 清华大学学报 (自然科学版),2010,2(50):224−228.

[16] 崔书华,胡绍林,柴敏. 光学跟踪测量数据处理[M]. 北京:国防工业出版社,2014.

[17] 中国人民解放军总装备部军事训练教材编辑工作委员会[M]. 北京:国防工业出版 社,2003.9.

[18] 赵文策,潘建丕,陈伟利. 基于弹道动力特性考虑的不完全测量数据处理方法[J]. 飞行器测控学报,2006,6:64−68.

[19] 姚静,段晓君,周海银. 发射点定位误差对飞行器轨道融合解算精度的影响[J]. 导弹 与航天运载技术,2005,4:29−34.

第 3 章
短基线干涉仪误差修正及误差影响分析

目前,在地球同步卫星发射任务中,试验靶场中的短基线干涉仪测量系统是运载火箭一、二级飞行段精确跟踪测量的主要设备之一。本章针对短基线干涉仪的测量数据进行误差修正,定性、定量地描述测量数据质量和误差特性,并分析误差对飞行目标测速的影响情况,特别针对时间不一致误差、电波折射误差、基线传输时延误差的修正方法展开研究,深入分析系统误差和随机误差对测速数据的影响。

3.1　短基线干涉仪测量系统简介

短基线干涉仪系统采用双向相干多普勒测速体制,通过对目标双向载波多普勒频率的测量实现径向速度测量,具有自跟踪能力和角度测量能力。用于地球同步通信卫星主动段的跟踪测量,为安全控制系统提供测量数据。

3.1.1　系统工作原理

干涉仪测量系统的地面雷达发射连续正弦波信号,弹上应答机接收并转发此信号;再由地面各主、副站天线接收信号,传送到终端,并记录有关的测量信息。短基线干涉仪的基线长度可以为几十米到几千米,采用有线或无线方式进行基线传输,基线传输的目的是实现主站与副站载波频率相参。

干涉仪测量元素为距离 R,距离变化率 $\dot{R}$,方向余弦 l、m,方向余弦变化率 $\dot{l}$、$\dot{m}$。其中方向余弦(距离差)的测量是通过测量相干载波信号的相位差获得的,测量精度高,但是存在着相位测量的多值性(模糊)问题,一般采用在基线上设置多天线对的办法来解决模糊分辨。距离变化率 $\dot{R}$ 及方向余弦变化率 $\dot{l}$ 和 $\dot{m}$,是通过测量主站双向载波多普勒频移和主站、副站双向多普勒频移之差而获得的。主站还可以用侧音或伪码调制载波对目标进行测距,获得距离测量数据。在短基线干涉仪中,不进行距离和距离变化率的测量,而只测量距离差 r 及距离差变化率 $\dot{r}$(或方向余弦及方向余弦变化率)的称为纯干涉仪系统。本节主要以某型号短基线干涉仪系统为例进行介绍。

3.1.1.1 距离变化率测量

通过多普勒效应及双向多普勒系统,来简单了解距离变化率测量情况。

1)多普勒效应

空间运动目标上的信源(信标机或应答机)振荡频率为 f_T,相对地面接收站有一个相对运动,径向运动速度为 $\dot{R}$,则地面接收站收到的频率为 f_R,则

$$f_R = f_T(1 - \dot{R}/C) = f_T + f_d$$

式中:$f_d = -f_T \dot{R}/C$ 为多普勒频率;C 为光速。

因此,只要测得 f_d,目标与地面接收站之间的相对径向运动速度 $\dot{R}$ 即可求出。

2)双向多普勒系统

从原理上来说,空间运动目标上装一个信源 f_T,就可测得 f_d,进而得到相对径向运动速度 $\dot{R}$。但当测量要求精度很高时,由于空间目标和地面系统之间频率不相关,这种简单的办法很难达到要求,必须采用双向多普勒系统。

双向多普勒测速由地面站发射信号经目标转发,再由地面站接收。地面站发射频率为 f_1,根据多普勒效应可得目标应答机接收频率为 f_2:

$$f_2 = f_1(1 - \dot{R}/C)$$

由于 $\dot{R}/C$ 值很小,所以应答机接收频率 f_2 和地面站发射频率 f_1 相差微小。为防止应答机本身以及地面站的收发干扰,应答机采用第三个频率 f_3 转发,即

$$f_3 = \rho \cdot f_2$$

式中:ρ 为应答机转发比。

地面站接收到的频率为 f_4,则

$$f_4 = f_3(1 - \dot{R}/C) \approx \rho f_1(1 - 2\dot{R}/C) = \rho f_1 + f_d$$

此时,双向多普勒频率为

$$f_d = -2\rho f_1 \dot{R}/C$$

因此,只要测得 f_d,即可求出目标与地面站之间的相对径向运动速度 $\dot{R}$。

3.1.1.2 方向余弦变化率测量

这里简介一种非对称干涉仪方向余弦变化率($\dot{L}$、$\dot{M}$)的测量原理,测量原理如图3-1所示。

如图3-1所示,分析采用正交等长基线的情况。图中主站为1,副站为2、3,基线长度为D,空中目标位置到各站的距离为R_1、R_2、R_3,距离差$r = R_2 - R_1$。

当$R_1 >> D$,$R_2 >> D$时,方向余弦

$$l = \cos\alpha = \frac{R_2 - R_1}{D}$$

则,方向余弦变化率:

$$\dot{l} = \frac{\dot{R}_2 - \dot{R}_1}{D} = -\frac{\lambda_r}{D}f_{d21} = \frac{\lambda_r}{D}f_{d12}$$

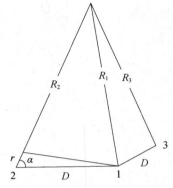

图3-1 干涉仪测量原理

式中:$f_{d21} = f_{d2} - f_{d1} = -\dfrac{\dot{R}_2 - \dot{R}_1}{\lambda_r}$,$f_{d2} = -\dfrac{\dot{R}_1 + \dot{R}_2}{\lambda_r}$,$f_{d1} = -\dfrac{2\dot{R}_1}{\lambda_r}$。

同样可得

$$\dot{m} = \frac{\dot{R}_3 - \dot{R}_1}{D} = -\frac{\lambda_r}{D}f_{d31} = \frac{\lambda_r}{D}f_{d13}$$

式中:$f_{d31} = f_{d3} - f_{d1} = -\dfrac{\dot{R}_3 - \dot{R}_1}{\lambda_r}$,$f_{d3} = -\dfrac{\dot{R}_1 + \dot{R}_3}{\lambda_r}$,$f_{d1} = -\dfrac{2\dot{R}_1}{\lambda_r}$。

这里,$\lambda_r = 0.0017688122934957$。

测得f_{d12}、f_{d13},即可计算得$\dot{l}$、$\dot{m}$。

3.1.2 系统组成及功能

新型短基线干涉仪于2000年初开始研制,2002年安装在航天发射中心,用于地球同步通信卫星发射时,对运载火箭的弹道进行精确测量。采用短基线干涉仪原理测速、幅度和差单脉冲原理测角,测量元素包括距离变化率($\dot{R}$)、方向余弦变化率($\dot{L}$、$\dot{M}$)、角度(A、E)。

3.1.2.1　系统组成

新型短基线干涉仪系统包括一台中心主站和两台远端副站,每个测站由包括跟踪测角分系统、发射分系统、接收分系统、基线传输分系统、测速终端、方向余弦变化率测量终端、时频终端、监控及数据处理分系统、测试标校分系统等组成。三站成"L"形布站,主站到副站之间基线长度为3km,两基线的夹角约70°,如图3-2所示。应答机转发的下行频率与地面站上行频率相参,主站负责发/收,副站负责单收。

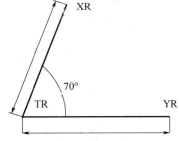

图3-2　短基线干涉仪系统布站图

1）主站设备

主站设备主要由跟踪测角设备、信道设备、终端设备、监控及数据采集处理设备、模拟测试及标校设备组成。

（1）跟踪测角设备。跟踪测角设备主要包括天馈线分机、角伺服分机、天线控制器(Antenna Control Unit,ACU)、自跟踪接收机、监控及数据采集处理分机,以及相应的模拟测试和角度标校设备等。

（2）信道设备。信道设备主要包括发射小信号分机、高功放(High - Power Amplifier,HPA)分机、R接收机、L基线接收机、M基线接收机、频标发射机、基传天线,以及相应的监控和模拟测试设备等。

（3）终端设备。终端设备主要包括测速终端、方向余弦变化率测量终端、时频终端,以及相应的模拟测试设备。

（4）监控及数据采集处理设备。监控及数据采集处理设备主要包括主监控分机、测量数据采集处理分机、工业电视等设备。

（5）模拟测试、标校设备。模拟测试、标校设备主要包括分系统专门配置的模拟源、联试应答机、信标机、标校天线,以及相应的监控设备。

2）副站设备

两个副站的设备组成相同,主要由跟踪测角设备、信道设备、监控设备组成。

（1）跟踪测角设备。跟踪测角设备主要包括天馈线分机、角伺服分机、B码终端、天线控制器、自跟踪接收机、监控及数据采集处理分机,以及相应的模拟测试和角度标校设备等。

（2）信道设备。信道设备主要包括基传天线、频标接收机、基线转发分机、监控分机等设备。

（3）监控设备。监控设备主要包括监控分机、工业电视等设备。

系统设备组成框图见图3-3。

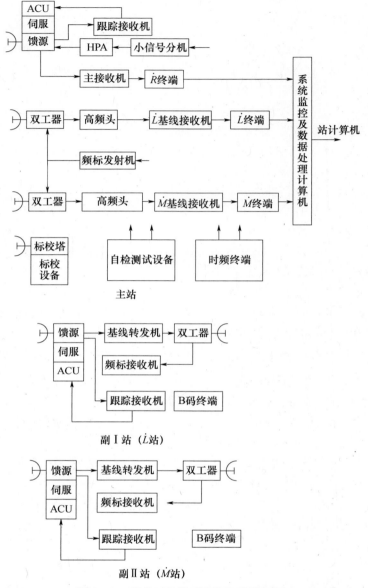

图 3 – 3　新型短基线干涉仪组成简框图

3.1.2.2　系统功能

新型短基线干涉仪系统的主要功能包括：

（1）径向速度（$\dot{R}$）测量。

（2）方向余弦变化率($\dot{L}$、$\dot{M}$)测量。

（3）角度(A、E)测量。

（4）具有以上测量数据的采集、预处理和传输功能。

（5）具有集中监控和分机监控功能,并为指挥系统提供监控显示信息。

（6）具有系统模拟测试和标校能力。

3.1.3　主要技术性能

新型短基线干涉仪系统的主要技术性能包括:

（1）工作频率包括上行工作频率工作 1 组,备份 2 组,下行工作频率工作 1 组,备份 2 组,转发比 ρ。

（2）作用距离包括最小作用距离和保精度作用距离。

（3）测量精度包括测速精度(包含系统误差与随机误差)、方向余弦变化率精度、测角精度。

（4）测量数据采样率及多普勒积分时间:包括实时和事后的测角数据采样率。

3.2　误差修正

短基线干涉仪误差,通常包含设备的时间误差、电波折射误差、跟踪部位误差以及零值误差、频率等误差。本节介绍主要的系统误差修正过程。

3.2.1　时间不一致误差修正

由于测量时刻多普勒频差测量数据不反映该时刻的目标状态,而反映应答机转发信号时刻的目标状态,这种时间关系不一致产生的误差为测量系统误差。

由短基线干涉仪测量原理可得

$$\begin{cases} \dot{R}(t) = -\dfrac{Cf_{d1}(t)}{f_{d1}(t) + 2f_r} \\[2mm] \dot{l}(t) = \dfrac{\lambda_r f_{d12}(t)}{D} \\[2mm] \dot{m}(t) = \dfrac{\lambda_r f_{d13}(t)}{D} \end{cases} \qquad (3-1)$$

由式(3-1)得出

$$\begin{cases} \Delta \dot{R}(t) = -\dfrac{C\Delta f_{d1}(t)}{\Delta f_{d1}(t) + 2f_r} \\[3mm] \Delta \dot{l}(t) = \dfrac{\lambda_r \Delta f_{d12}(t)}{D} \\[3mm] \Delta \dot{m}(t) = \dfrac{\lambda_r \Delta f_{d13}(t)}{D} \end{cases} \qquad (3-2)$$

将 $f_{di}(t)$ 在 t_m 时刻按一阶泰勒展开,可以得到

$$\Delta f_{di}(t) = \frac{\dot{f}_{di}(t)\left[R_i(t) + D\right]}{C}, i = 1, 2, 3 \qquad (3-3)$$

$$\Delta f_{d12}(t) = \Delta f_{d1}(t) - \Delta f_{d2}(t)$$

$$= \frac{\dot{f}_{d1}(t)\left[R_1(t) + D\right]}{C} - \frac{\left[\dot{f}_{d1}(t) - \dot{f}_{d12}(t)\right]\left[R_2(t) + D\right]}{C} \qquad (3-4)$$

$$\Delta f_{d13}(t) = \Delta f_{d1}(t) - \Delta f_{d3}(t)$$

$$= \frac{\dot{f}_{d1}(t)\left[R_1(t) + D\right]}{C} - \frac{\left[\dot{f}_{d1}(t) - \dot{f}_{d13}(t)\right]\left[R_3(t) + D\right]}{C} \qquad (3-5)$$

将式(3-3)、式(3-4)、式(3-5)代入式(3-2),即可得到测量系统时间不一致误差模型:

$$\begin{cases} \Delta \dot{R}(t) = -\dfrac{C\dot{f}_{d1}(t)\left[R_1(t) + D\right]}{\dot{f}_{d1}(t)\left[R_1(t) + D\right] + 2Cf_r} \\[4mm] \Delta \dot{l}(t) = \dfrac{\lambda_r}{D \cdot C}\{\dot{f}_{d1}(t)\left[R_1(t) + D\right] - \left[\dot{f}_{d1}(t) - \dot{f}_{d12}(t)\right]\left[R_2(t) + D\right]\} \\[4mm] \Delta \dot{m}(t) = \dfrac{\lambda_r}{D \cdot C}\{\dot{f}_{d1}(t)\left[R_1(t) + D\right] - \left[\dot{f}_{d1}(t) - \dot{f}_{d13}(t)\right]\left[R_3(t) + D\right]\} \end{cases}$$

$$(3-6)$$

3.2.2 电波折射误差修正

由于大气各高度层介电特性的不均匀性,无线电波在大气层中传播时产生折射效应。折射效应改变了电波传播路径和传播速度,从而带来了测量误差,即电波折射误差。电波折射误差修正方法主要有经典的水平均匀假设下的分层积分修正方法、基于各种经验模型的简化修正方法,可根据测量任务的具体要求加以选择。

如果采用经典的分层积分修正方法,则需在每个测站布设专业人员进行气象探空测量。假如能够采用一种简化的修正方法,只需进行简单的地面气象参

数测量即可。电波折射误差包括对流层折射误差和电离层折射误差两项。一般对流层折射测元修正可达 90% 左右,其误差取修正值的 10%;电离层折射测元修正可达 75% 左右,其误差取修正值的 25%。

在测速测元的各误差源中,电波折射误差是系统误差的一个主要方面。因此,研究测速电波折射修正方法也具有现实意义。在传统体制下的测速元电波修正方法完全依赖高精度测距数据,所以必须找出一种适用于全测速条件下的电波折射修正方法。在进行电波折射修正前,电波折射修正还涉及的一个关键量——电波折射率。在对流层,电波折射率可根据地心距处的大气层的温度、湿度和气压等参数计算得到;而在电离层,电波折射率应根据电子浓度剖面计算得到。

下面主要针对对流层误差修正进行详细介绍,具体如下:

1) 对流层地面折射率计算

$$e_0 = 6.11 \times 10^{\frac{7.45T_0}{b+T_0}} \times f_0 \qquad (3-7)$$

$$当 \begin{cases} T_0 \geq 0, b = 237.5 \\ T_0 < 0, b = 266.5 \end{cases}$$

$$N(h) = \frac{77.6}{T_0}\left(P_0 + \frac{4810e_0}{T_0}\right) \qquad (3-8)$$

式中:e_0 为水气压(mbar,1bar = 10^5 Pa);T_0 为地面温度(K);f_0 为地面相对湿度(%);$T_0 = 273.15 + t_0$;b 为相对湿度到绝对湿度的变换系数;h 为地面海拔高度;P_0 为大气压(mbar)。

2) Hopfield 对流层折射率计算

Hopfield 将折射指数分为干、湿两项,并表示为目标高度的四次方函数。统计分析表明,这种剖面与世界各地的平均折射指数剖面吻合较好。

该模型的形式如下:

$$N(h) = N_d(h) + N_w(h) \qquad (3-9)$$

$$N_d(h) = \begin{cases} \dfrac{N_{od}}{(h_d - h_0)^4}(h_d - h_0)^4, & h \leq h_d \\ 0, & h > h_d \end{cases}$$

$$N_w(h) = \begin{cases} \dfrac{N_{ow}}{(h_w - h_0)^4}(h_w - h_0)^4, & h \leq h_w \\ 0, & h > h_w \end{cases} \qquad (3-10)$$

式中:N_d 为干项折射指数;N_w 为湿项折射指数;h_d 为干项等效高度;h_w 为湿项等效高度;$N_{0d} = 77.6P_0/T_0$;$N_{0w} = 3.73 \times 10^5 \times e_0/T_0^2$;$N_{0d}$、$N_{0w}$ 分别表示测站地面的干项和湿项折射率;h_0 为目标海拔高度;$h_d = 40136 + 148.72(T_0 - 273.16)$(m);$h_w = 11000$(m),$h_0 \approx r_M - r_0 + h$

3）对流层误差修正

测速数据只有距离和(差)变化率测量量,不能独立定位,因此,其电波折射误差修正量的计算需要一条目标初始轨迹,然后通过多次迭代计算目标轨迹来逐步提高电波折射误差修正量的计算精度。下面介绍测速数据的电波折射修正方法。

设某时刻目标位置、速度为$(x、y、z、\dot{x}、\dot{y}、\dot{z})$,测速雷达天线位置为$(x_0、y_0、z_0)$,目标处的电波折射率$n_{MM}$,目标处地面一点折射率$n_0$,则该时刻的视在距离变化率为

$$\dot{R}_e = n_{MM}(l_M \dot{x} + m_M \dot{y} + n_M \dot{z}) \qquad (3-11)$$

式中:$(l_M \ m_M \ n_M)^{\mathrm{T}}$ 为目标处的波迹切矢的方向余弦。

$$\begin{bmatrix} l_M \\ m_M \\ n_M \end{bmatrix} = \frac{\cos(E_e - \Phi)}{\sin\Phi} \begin{bmatrix} l_d \\ m_d \\ n_d \end{bmatrix} - \frac{\cos E_e}{\sin\Phi} \begin{bmatrix} l_0 \\ m_0 \\ n_0 \end{bmatrix} \qquad (3-12)$$

式中:$(l_0 \ m_0 \ n_0)^{\mathrm{T}}$ 为测站至地心的方向余弦,$l_0 = \dfrac{x_0 - x_d}{r_0}$,$m_0 = \dfrac{y_0 - y_d}{r_0}$,

$n_0 = \dfrac{z_0 - z_d}{r_0}$;$(l_d \ m_d \ n_d)^{\mathrm{T}}$ 为目标至地心的方向余弦,$l_d = \dfrac{x - x_d}{r_M}$,$m_d = \dfrac{y - y_d}{r_M}$,

$n_d = \dfrac{z - z_d}{r_M}$;$\Phi$ 为目标与测站间的地心夹角:

$$\Phi = \arccos \frac{r_0^2 + r_M^2 - R_0^2}{2 r_0 r_M} \qquad (3-13)$$

式中:r_0 为测站至地心距离,$r_0 = \sqrt{(x_0 - x_d)^2 + (y_0 - y_d)^2 + (z_0 - z_d)^2}$;$r_M$ 为目标至地心距离,$r_M = \sqrt{(x - x_d)^2 + (y - y_d)^2 + (z - z_d)^2}$;$R_0$ 为目标至测站距离,$R_0 = \sqrt{(x_0 - x)^2 + (y_0 - y)^2 + (z_0 - z)^2}$;$E_e$ 为目标处的视在仰角:

$$E_e = \arccos \frac{r_0 n_0 \cos \bar{E}}{n_{MM} r_M} \qquad (3-14)$$

式中:n_0 为测站处地面折射率;$\bar{E}$ 为测站处视在仰角,可通过如下迭代算法得到。

给定迭代初值 $\Delta\theta^{(0)} = 0$,$\bar{E}^{(0)} = E_0$,$E_0 = \arccos \dfrac{R_0^2 + r_0^2 - r_M^2}{2 r_0 R_0} - \dfrac{\pi}{2}$,$E_0$ 为真实仰角。

$$\begin{cases} \bar{E}^{(i)} = \bar{E}^{(i-1)} + \Delta\theta^{(i-1)} \\ \Phi^{(i)} = n_0 r_0 \cos(\bar{E}^{(i)}) \displaystyle\int_{r_0}^{r_M} \frac{1}{r \sqrt{n^2 r^2 - n_0^2 r_0^2 \cos^2(\bar{E}^{(i)})}} \mathrm{d}r \\ E_0^{(i)} = \arctan \dfrac{r_M \cos(\Phi^{(i)}) - r_0}{r_M \sin(\Phi^{(i)})} \\ \Delta\theta^{(i)} = E_0 - E_0^{(i)} \end{cases}$$

根据式（3-11），可得到该时刻的距离变化率。另有

$$\dot{R}_0 = \frac{x - x_0}{R_0}\dot{x} + \frac{y - y_0}{R_0}\dot{y} + \frac{z - z_0}{R_0}\dot{z} \qquad (3-15)$$

则该时刻的距离变化率对流层电波折射误差修正量为

$$\Delta\dot{R} = \dot{R}_e - \dot{R}_0 \qquad (3-16)$$

3.2.3 基线传输时延误差修正

由于实际测量系统存在基线传输时延及主、副站接收设备时延，会产生两种不同的测量误差。一种是时间不一致误差，另一种是测量设备系统误差，即基线传输时延误差，应该进行控制。先不考虑基线传输时延，设 t 为目标应答时刻，该时刻主、副站接收信号的相位分别为

$$\Phi_1(t) = 2\pi f_r\left(t - \frac{R_1}{C}\right)$$

$$\Phi_2(t) = 2\pi f_r\left(t - \frac{R_2}{C}\right)$$

相位差为

$$\Phi(t) = \Phi_1(t) - \Phi_2(t) = 2\pi f_r\left(t - \frac{R_1}{C}\right) - 2\pi f_r\left(t - \frac{R_2}{C}\right)$$

$$= 2\pi f_r\frac{R_2 - R_1}{C} \qquad (3-17)$$

式中：R_1、R_2 皆为时间 t 的函数。

实际测量中，由于存在基线传输时延及设备时延，记基线传输及设备总延时为 τ，该时刻主、副站接收信号的相位分别为

$$\Phi_1(t) = 2\pi f_r\left(t - \frac{R_1}{C}\right)$$

$$\Phi_2(t) = 2\pi f_r\left(t - \frac{R_2}{C} - \tau\right)$$

相位差为

$$\Phi(t) = \Phi_1(t) - \Phi_2(t) = 2\pi f_r\left(t - \frac{R_1}{C}\right) - 2\pi f_r\left(t - \frac{R_2}{C} - \tau\right)$$

$$= 2\pi f_r\frac{R_2 - R_1}{C + 2\pi f_r\tau} \qquad (3-18)$$

由以上分析可见，环境温度、信号电平、多普勒频率等变化产生的传输时延漂移引入方向余弦变化率测量漂移误差，需要在数据处理过程中进行修正。

3.2.4　跟踪部位修正

各外弹道测量设备在跟踪测量时,弹上均有各自的跟踪点(应答机天线),这些跟踪点往往是不重合的。在对各测量数据综合求解时,须将这些跟踪点统一到一点。这种对跟踪点不一致的统一方法,称为跟踪点不一致修正。

设地面测站在发射坐标系中的站址坐标为 x_i、y_i、z_i。由短基线干涉仪的测量元素可算出跟踪部位 M 在发射坐标系中的位置和速度坐标为(x_M、y_M、z_M、$\dot{x}_M$、$\dot{y}_M$、$\dot{z}_M$),设 G 为箭上制导平台中心,它在发射坐标系中的位置和速度坐标为 x_G、y_G、z_G、$\dot{x}_G$、$\dot{y}_G$、$\dot{z}_G$。

距离的修正量为

$$\Delta R_i = R_i - R_i' = [(x_G - x_i)^2 + (y_G - y_i)^2 + (z_G - z_i)^2]^{\frac{1}{2}} \\ - [(x_M - x_i)^2 + (y_M - y_i)^2 + (z_M - z_i)^2]^{\frac{1}{2}} \tag{3-19}$$

则距离变化率的修正量为

$$\Delta \dot{R}_i = \dot{R}_i - \dot{R}'_i = \frac{1}{R_i}[(x_G - x_i) \dot{x}_G + (y_G - y_i) \dot{y}_G + (z_G - z_i) \dot{z}_G] \\ - \frac{1}{R'_i}[(x_M - x_i) \dot{x}_M + (y_M - y_i) \dot{y}_M + (z_M - z_i) \dot{z}_M] \tag{3-20}$$

式中:R_i 和 $\dot{R}_i$ 为测站 i 到平台中心 G 的距离和距离变化率;R_i' 和 $\dot{R}_i'$ 为测站 i 到跟踪点 M 的距离和距离变化率。

由此可以得到距离及其变化率的各种组合元素跟踪部位修正后的观测值。其中距离及其变化率的跟踪部位修正公式为

$$\begin{cases} R_i = \bar{R}' + \Delta R_i \\ \dot{R}_i = \bar{\dot{R}}' + \Delta \dot{R}_i \end{cases} \tag{3-21}$$

由式(3-21)得距离和及其变化率的跟踪部位修正公式为

$$\begin{cases} S = \bar{S} + (\Delta R_T + \Delta R_R) \\ \dot{S} = \bar{\dot{S}} + (\Delta \dot{R}_T + \Delta \dot{R}_R) \end{cases} \tag{3-22}$$

同理,距离差及其变化率的跟踪部位修正公式为

$$\begin{cases} P = \bar{P} + (\Delta R_T - \Delta R_R) \\ \dot{P} = \bar{\dot{P}} + (\Delta \dot{R}_T - \Delta \dot{R}_R) \end{cases} \tag{3-23}$$

式中:ΔR_T、ΔR_R 分别为发送机、接收机的距离修正量;$\Delta\dot{R}_T$、$\Delta\dot{R}_R$ 分别为发送机、接收机的距离变化率的修正量。

上述各式中,带顶杠"ˉ"者为未修正跟踪部位的观测值。

3.3 误差影响分析

短基线干涉仪系统从测量信息到计算弹道之间要涉及测量信息读取、数据转换、系统误差修正、坐标计算、曲线拟合等多个环节,存在着较为复杂的解析关系,这使得不同误差残差对测速的影响通过复杂的非线性关系耦合在一起。

分析短基线干涉仪系统测量信息中包含的各种误差残差对测速的影响,必须对来自不同源的误差残差进行合理、科学的线性解耦处理,建立测量信息的误差残差与弹道计算结果偏差之间的解析关系。本节分别分析系统误差和随机误差对测速的影响。

3.3.1 系统误差对测速的影响

3.3.1.1 分析方法

根据短基线干涉仪测量原理,可以得到距离和(差)变化率$(\dot{S},\dot{P},\dot{Q})$

$$\begin{cases} \dot{S}(t) = \dot{R}(t) \\ \dot{P}(t) = D\dot{l}(t) \\ \dot{Q}(t) = D\dot{m}(t) \end{cases} \qquad (3-24)$$

式中:D 为短基线干涉仪基线长度。

以下利用仿真数据,分析短基线干涉仪距离和(差)变化率残差$(\delta\dot{S}$、$\delta\dot{P}$、$\delta\dot{Q})$对弹道结果的影响。具体算法如下式:

$$\begin{bmatrix} dV_x \\ dV_y \\ dV_z \end{bmatrix} = \begin{bmatrix} \dfrac{\partial V_x}{\partial \dot{S}} & \dfrac{\partial V_x}{\partial \dot{P}} & \dfrac{\partial V_x}{\partial \dot{Q}} \\[2mm] \dfrac{\partial V_y}{\partial \dot{S}} & \dfrac{\partial V_y}{\partial \dot{P}} & \dfrac{\partial V_y}{\partial \dot{Q}} \\[2mm] \dfrac{\partial V_z}{\partial \dot{S}} & \dfrac{\partial V_z}{\partial \dot{P}} & \dfrac{\partial V_z}{\partial \dot{Q}} \end{bmatrix} \begin{bmatrix} d\dot{s} \\ d\dot{p} \\ d\dot{Q} \end{bmatrix} \qquad (3-25)$$

3.3.1.2 实用效果分析

（1）图 3-4 为 $\delta\dot{S}$（距离和变化率的残差）对飞行目标在 x、y 和 z 方向测速影响的灵敏度曲线。

（2）图 3-5 为 $\delta\dot{P}$（距离差变化率的残差）对飞行目标在 x、y 和 z 方向测速影响的灵敏度曲线。

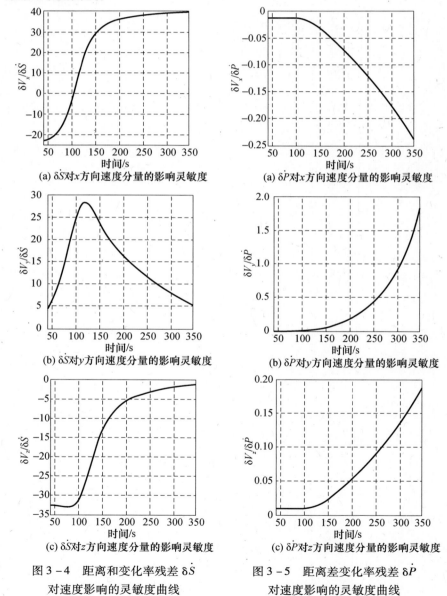

(a) $\delta\dot{S}$ 对 x 方向速度分量的影响灵敏度

(a) $\delta\dot{P}$ 对 x 方向速度分量的影响灵敏度

(b) $\delta\dot{S}$ 对 y 方向速度分量的影响灵敏度

(b) $\delta\dot{P}$ 对 y 方向速度分量的影响灵敏度

(c) $\delta\dot{S}$ 对 z 方向速度分量的影响灵敏度

(c) $\delta\dot{P}$ 对 z 方向速度分量的影响灵敏度

图 3-4　距离和变化率残差 $\delta\dot{S}$
对速度影响的灵敏度曲线

图 3-5　距离差变化率残差 $\delta\dot{P}$
对速度影响的灵敏度曲线

（3）图 3 - 6 为 $\delta \dot{Q}$（距离差变化率的残差）对飞行目标在 x、y 和 z 方向测速影响的灵敏度曲线。

（4）$\delta \dot{S}$、$\delta \dot{P}$、$\delta \dot{Q}$ 对飞行目标在 x、y 和 z 方向测速的综合影响（见图 3 - 7）。

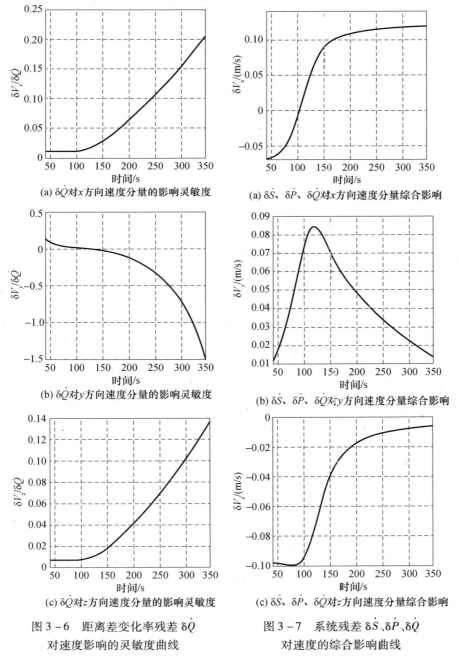

(a) $\delta \dot{Q}$ 对 x 方向速度分量的影响灵敏度

(a) $\delta \dot{S}$、$\delta \dot{P}$、$\delta \dot{Q}$ 对 x 方向速度分量综合影响

(b) $\delta \dot{Q}$ 对 y 方向速度分量的影响灵敏度

(b) $\delta \dot{S}$、$\delta \dot{P}$、$\delta \dot{Q}$ 对 y 方向速度分量综合影响

(c) $\delta \dot{Q}$ 对 z 方向速度分量的影响灵敏度

(c) $\delta \dot{S}$、$\delta \dot{P}$、$\delta \dot{Q}$ 对 z 方向速度分量综合影响

图 3 - 6　距离差变化率残差 $\delta \dot{Q}$
对速度影响的灵敏度曲线

图 3 - 7　系统残差 $\delta \dot{S}$、$\delta \dot{P}$、$\delta \dot{Q}$
对速度的综合影响曲线

从图 3 - 4 至图 3 - 6 可以看出,不同的系统误差残差对运载火箭测速的影响是不相同的,同一大小的误差残差对处于不同状态跟踪目标速度的影响也不相同。并且,不同残差分量影响量值大小的绝对值近似等于影响函数与偏差量的乘积:

$$|\Delta w| = S(w, \zeta) \cdot |\Delta \zeta| + 0(|\Delta \zeta|) \tag{3-26}$$

根据图 3 - 7 可以看出,系统误差残差对弹道的影响是随时间变化的,也就是随火箭相对于测站的位置变化而变化的。

3.3.1.3 结论

综合上面的分析可以明显地看出,系统误差残差对弹道计算结果的影响是明显的,且不是一个固定量。将灵敏度影响曲线与综合影响曲线比较,可为有效区分某项测元误差残差(或残余量)引起结果摆动提供有价值的信息。将图 3 - 4 ~ 图 3 - 6 与图 3 - 7 进行形状比较,可以明显看出,测速结果的摆动影响主要是由距离和变化率系统残差 $\delta \dot{S}$ 引起的。

3.3.2 随机误差对测速的影响

3.3.2.1 分析方法

根据短基线干涉仪测量原理,可得

$$\begin{cases} \Delta \dot{S}(t) = \Delta \dot{R}(t) \\ \Delta \dot{P}(t) = D\Delta \dot{l}(t) \\ \Delta \dot{Q}(t) = D\Delta \dot{m}(t) \end{cases} \tag{3-27}$$

将式(3 - 6)代入式(3 - 27),即可得到

$$\begin{cases} \Delta \dot{S}(t) = -\dfrac{\dot{C f}_{d1}(t)[R_1(t) + D]}{\dot{f}_{d1}(t)[R_1(t) + D] + 2Cf_r} \\ \Delta \dot{P}(t) = \dfrac{\dot{f}_{d1}(t)[R_1(t) + D] - [\dot{f}_{d1}(t) - \dot{f}_{d12}(t)][R_2(t) + D]}{f_r} \\ \Delta \dot{Q}(t) = \dfrac{\dot{f}_{d1}(t)[R_1(t) + D] - [\dot{f}_{d1}(t) - \dot{f}_{d13}(t)][R_3(t) + D]}{f_r} \end{cases}$$

$$\tag{3-28}$$

影响测速精度的随机误差主要有：

（1）发射信号的频率抖动。在双程相干多普勒测速系统中，发射信号的频率抖动直接影响接收信号的测频精度，随着收发时延的增加，接收信号与发射信号的相干性减弱，测速误差随之增加。发射信号的频率抖动主要由主振源的频率抖动、发射链路的相位噪声和杂散干扰等因素产生。

（2）接收机本振信号的频率抖动。本振信号的频率抖动，主要由本振信号的频率抖动、本振链路的相位噪声和杂散干扰等因素产生。

（3）接收机热噪声。

（4）测速终端的多种量化误差。

（5）光速不定性。

（6）应答机噪声。应答机转发信号噪声引入随机相位抖动。

（7）其他，主要有发射机及其他电磁环境引入的接收信号相位抖动，以及接收机自身引入的杂波调相等。

其中，发射信号频率抖动和接收本振频率抖动引发的随机误差相对比较大一些，光速不定性影响较小。

3.3.2.2　实用效果分析

1）1σ 随机误差对目标测速的影响

（1）以某次任务数据为例，进行数据仿真。图 3 - 8 为距离和变化率 S 在 1σ 随机误差情况下对飞行目标 x、y 和 z 方向速度的影响。

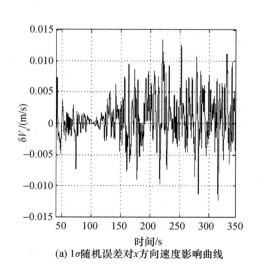 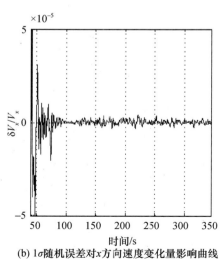

(a) 1σ 随机误差对 x 方向速度影响曲线　　(b) 1σ 随机误差对 x 方向速度变化量影响曲线

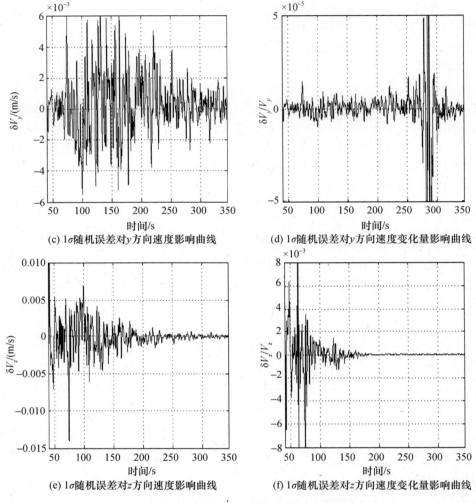

(c) 1σ随机误差对y方向速度影响曲线　　(d) 1σ随机误差对y方向速度变化量影响曲线

(e) 1σ随机误差对z方向速度影响曲线　　(f) 1σ随机误差对z方向速度变化量影响曲线

图 3-8　距离和变化率 $\dot{S}1\sigma$ 随机误差对速度影响曲线

以 $\left|\dfrac{测量数据 1\sigma\ 随机误差}{速度分量变化量}\right| \times 100$ 作为影响因子,结合图 3-8 数据,将具有代表性的 150~200s 数据段的影响因子进行分析,影响因子结果见表 3-1。

表 3-1　距离和变化率 $\dot{S}1\sigma$ 随机误差影响因子

时间/s	x 方向速度	y 方向速度	z 方向速度
150.00	0.00012166	0.00028677	0.02023834
155.00	0.00004873	0.00011185	0.00695418
160.00	0.00019065	0.00042752	0.02123366
165.00	0.00015165	0.00033591	0.01373550

时间/s	x 方向速度	y 方向速度	z 方向速度
170.00	0.00010902	0.00024258	0.00811974
175.00	0.00006663	0.00015026	0.00378298
180.00	0.00010089	0.00023029	0.00404071
185.00	0.00005812	0.00013419	0.00169604
190.00	0.00011000	0.00025870	0.00248110
195.00	0.00001973	0.00004812	0.00035313
200.00	0.00004433	0.00011360	0.00066724

（2）图 3 - 9 为距离差变化率 $\dot{P}$ 在 1σ 随机误差情况下对飞行目标 x、y 和 z 方向速度的影响。

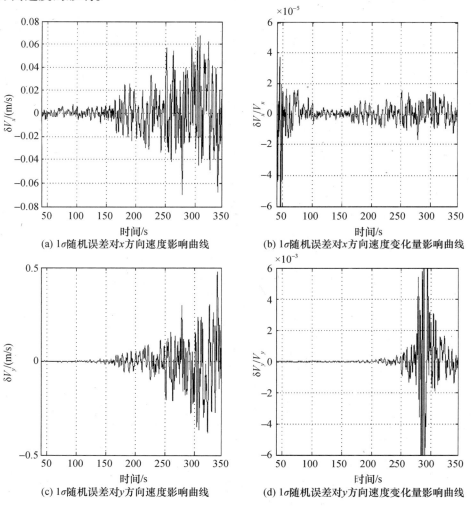

(a) 1σ 随机误差对 x 方向速度影响曲线

(b) 1σ 随机误差对 x 方向速度变化量影响曲线

(c) 1σ 随机误差对 y 方向速度影响曲线

(d) 1σ 随机误差对 y 方向速度变化量影响曲线

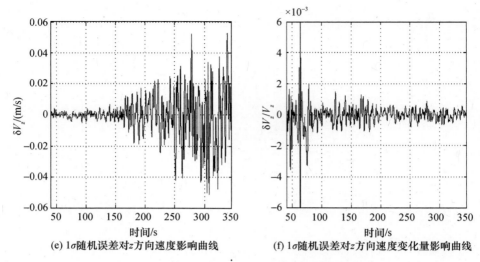

(e) 1σ随机误差对z方向速度影响曲线　　　(f) 1σ随机误差对z方向速度变化量影响曲线

图 3 – 9　距离差变化率 $P1\sigma$ 随机误差对速度影响曲线

以 $\left|\dfrac{\text{测量数据}1\sigma\text{ 随机误差}}{\text{速度分量变化量}}\right|\times100$ 作为影响因子,结合图 3 – 9 数据,将具有代表性的 150 ~ 200s 数据段的影响因子进行分析,影响因子结果见表 3 – 2。

表 3 – 2　距离差变化率 $P1\sigma$ 随机误差影响因子

时间/s	x 方向速度	y 方向速度	z 方向速度
150.00	0.00010407	0.00051231	0.02814861
155.00	0.00022355	0.00123182	0.06014386
160.00	0.00012905	0.00078999	0.03118503
165.00	0.00030800	0.00208688	0.06844584
170.00	0.00038149	0.00285681	0.07860469
175.00	0.00007281	0.00060258	0.01283512
180.00	0.00031796	0.00291699	0.04349552
185.00	0.00007782	0.00079264	0.00843017
190.00	0.00064910	0.00735286	0.05880289
195.00	0.00024508	0.00309100	0.01924740
200.00	0.00014450	0.00203429	0.01050427

（3）图 3 – 10 为距离差变化率 Q 在 1σ 随机误差情况下对飞行目标 x、y 和 z 方向速度的影响。

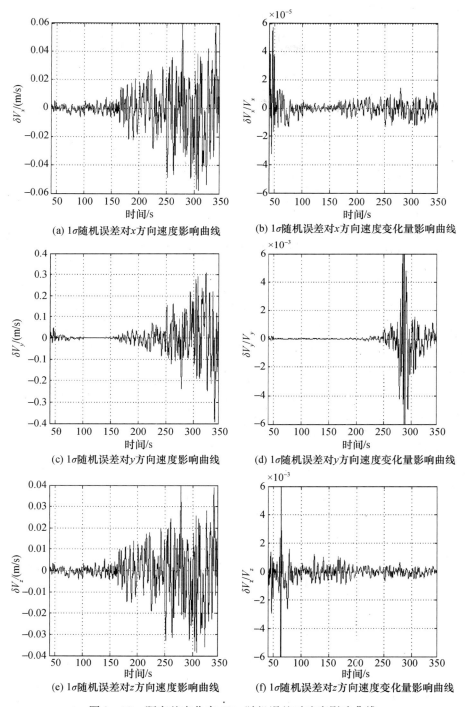

(a) 1σ随机误差对x方向速度影响曲线

(b) 1σ随机误差对x方向速度变化量影响曲线

(c) 1σ随机误差对y方向速度影响曲线

(d) 1σ随机误差对y方向速度变化量影响曲线

(e) 1σ随机误差对z方向速度影响曲线

(f) 1σ随机误差对z方向速度变化量影响曲线

图 3 – 10　距离差变化率 $Q1\sigma$ 随机误差对速度影响曲线

以 $\left|\dfrac{\text{测量数据}1\sigma\text{ 随机误差}}{\text{速度分量变化量}}\right| \times 100$ 作为影响因子,结合图 3 – 10 数据,将具有代表性的 150~200s 数据段影响因子进行分析,影响因子结果见表 3 – 3。

表 3 – 3   距离差变化率 $\dot{Q}$ 1σ 随机误差影响因子

时间/s	x 方向速度	y 方向速度	z 方向速度
150.00	0.00009146	0.00023109	0.02301440
155.00	0.00019643	0.00061420	0.04900042
160.00	0.00011320	0.00042411	0.02533631
165.00	0.00026960	0.00118540	0.05543848
170.00	0.00033334	0.00169715	0.06349072
175.00	0.00006347	0.00037104	0.01033565
180.00	0.00027722	0.00185493	0.03494440
185.00	0.00006768	0.00051681	0.00675914
190.00	0.00056461	0.00490683	0.04701767
195.00	0.00021287	0.00210240	0.01535597
200.00	0.00012543	0.00140704	0.00836275

从表 3 – 1 到表 3 – 3 可以直观地看出,1σ 随机误差对目标的速度影响十分有限,最大的影响因子也不到 0.08。

2)3σ 随机误差对目标测速的影响

利用与上述 1σ 同次任务的短基线干涉仪系统测量数据,分析 3σ 随机误差对飞行目标的速度影响。

(1)图 3 – 11 为距离和变化率 $\dot{S}$ 在 3σ 随机误差情况下对飞行目标 x、y 和 z 方向速度的影响。

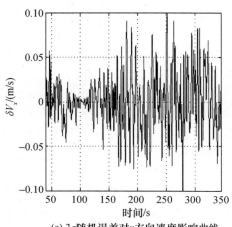

(a)3σ随机误差对x方向速度影响曲线

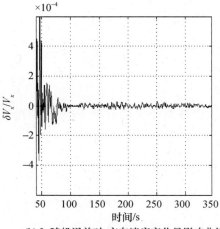

(b)3σ随机误差对x方向速度变化量影响曲线

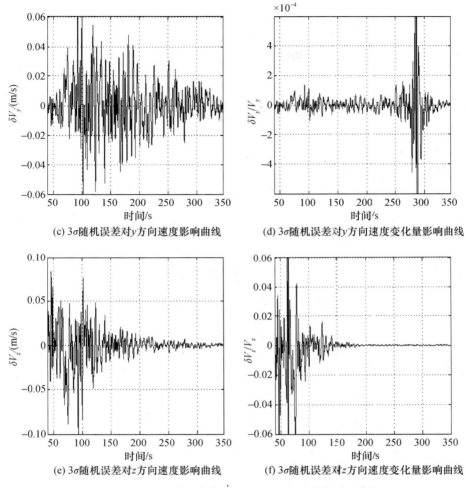

(c) 3σ随机误差对y方向速度影响曲线 (d) 3σ随机误差对y方向速度变化量影响曲线

(e) 3σ随机误差对z方向速度影响曲线 (f) 3σ随机误差对z方向速度变化量影响曲线

图 3 – 11　距离和变化率 $\dot{S}3\sigma$ 随机误差对速度影响曲线

以 $\left|\dfrac{\text{测量数据 3}\sigma\text{ 随机误差}}{\text{速度分量变化量}}\right| \times 100$ 作为影响因子,结合图 3 – 11 数据,将具有代表性的 150 ~ 200s 数据段的影响因子进行分析,影响因子结果见表 3 – 4。

表 3 – 4　距离和变化率 $\dot{S}3\sigma$ 随机误差影响因子

时间/s	x 方向速度	y 方向速度	z 方向速度
150. 00	0. 00057113	0. 00134077	0. 09522169
155. 00	0. 00114971	0. 00263950	0. 16338128
160. 00	0. 00061855	0. 00139929	0. 06830426
165. 00	0. 00137772	0. 00307788	0. 12367470
170. 00	0. 00159734	0. 00352550	0. 11992692

（续）

时间/s	x 方向速度	y 方向速度	z 方向速度
175.00	0.00028232	0.00066136	0.01527549
180.00	0.00117079	0.00261900	0.04798662
185.00	0.00026930	0.00061524	0.00795988
190.00	0.00211516	0.00500402	0.04736683
195.00	0.00075501	0.00182912	0.01357283
200.00	0.00042282	0.00103518	0.00668194

（2）图 3-12 为距离差变化率 P 在 3σ 随机误差情况下对飞行目标 x、y 和 z 方向速度的影响。

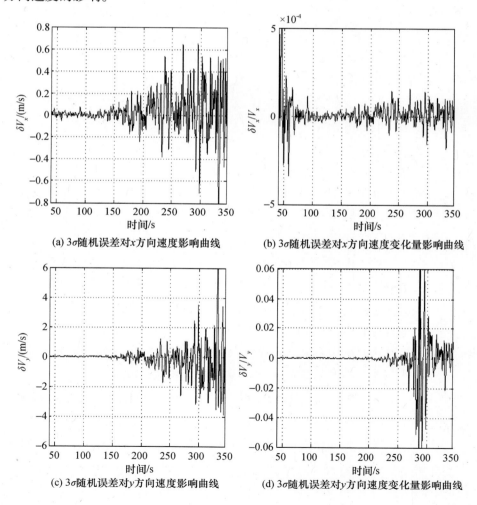

(a) 3σ随机误差对x方向速度影响曲线　　(b) 3σ随机误差对x方向速度变化量影响曲线

(c) 3σ随机误差对y方向速度影响曲线　　(d) 3σ随机误差对y方向速度变化量影响曲线

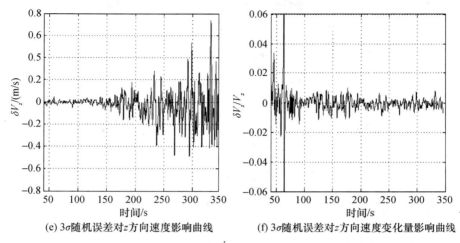

(e) 3σ随机误差对z方向速度影响曲线　　(f) 3σ随机误差对z方向速度变化量影响曲线

图 3 – 12　距离差变化率 $\dot{P}3\sigma$ 随机误差对速度影响曲线

以 $\left|\dfrac{测量数据3\sigma\ 随机误差}{速度分量变化量}\right| \times 100$ 作为影响因子，结合图 3 – 12 数据，将具有代表性的 150 ~ 200s 数据段的影响因子进行分析，影响因子结果见表 3 – 5。

表 3 – 5　距离差变化率 $\dot{P}3\sigma$ 随机误差影响因子

时间/s	x 方向速度	y 方向速度	z 方向速度
150.00	0.00175678	0.00864668	0.47498908
155.00	0.00125145	0.00689600	0.33666319
160.00	0.00139470	0.00853694	0.33696687
165.00	0.00130678	0.00885386	0.29037629
170.00	0.00175981	0.01317764	0.36260459
175.00	0.00194902	0.01613448	0.34358446
180.00	0.00462899	0.04246483	0.63320725
185.00	0.00251425	0.02561188	0.27236699
190.00	0.00715174	0.08101269	0.64787107
195.00	0.00473019	0.05966120	0.37148012
200.00	0.00201659	0.02838282	0.14659595

（3）图 3 – 13 为距离差变化率 $\dot{Q}$ 在 3σ 随机误差情况下对飞行目标 x、y 和 z 方向速度的影响。

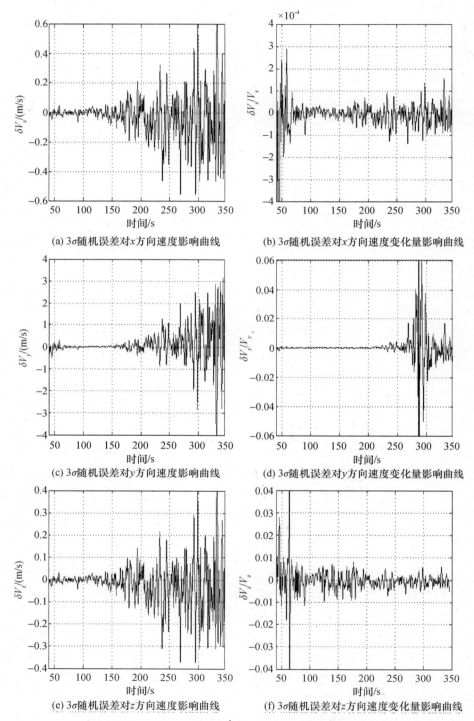

(a) 3σ随机误差对x方向速度影响曲线

(b) 3σ随机误差对x方向速度变化量影响曲线

(c) 3σ随机误差对y方向速度影响曲线

(d) 3σ随机误差对y方向速度变化量影响曲线

(e) 3σ随机误差对z方向速度影响曲线

(f) 3σ随机误差对z方向速度变化量影响曲线

图 3 – 13　距离差变化率 $Q3\sigma$ 随机误差对速度影响曲线

以 $\dfrac{\text{测量数据 } 3\sigma \text{ 随机误差}}{\text{速度分量变化量}} \times 100$ 作为影响因子,结合图 3 – 13 数据,将具有代表性的 150~200s 数段的影响因子进行分析,影响因子结果见表 3 – 6。

表 3 – 6　距离差变化率 $\dot{Q}3\sigma$ 随机误差影响因子

时间/s	x 方向速度	y 方向速度	z 方向速度
150.00	0.00154522	0.00390846	0.38828958
155.00	0.00109880	0.00343453	0.27435488
160.00	0.00122267	0.00458019	0.27374208
165.00	0.00114353	0.00502807	0.23518052
170.00	0.00153782	0.00783066	0.29285322
175.00	0.00170075	0.00994672	0.27675737
180.00	0.00403456	0.02699588	0.50876245
185.00	0.00218895	0.01671153	0.21830885
190.00	0.00621996	0.05405609	0.51807750
195.00	0.00411015	0.04059353	0.29638903
200.00	0.00175064	0.01964371	0.11670675

从表 3 – 4 到表 3 – 6 可以看到,3σ 随机误差对目标的速度影响较大,z 方向的影响因子基本都超过 0.1。

3.3.2.3　结论

上述分别从 1σ 和 3σ 随机误差对目标的速度影响进行了仿真分析。从分析结果可以看出,随机误差的影响虽然有限,但不能忽略,特别是 z 方向的影响较大。因此,数据处理时必须对随机误差进行相关处理,以减少其带来的不利影响。

从表 3 – 1 到表 3 – 3 可以看到 1σ 随机误差对目标的速度影响十分有限,最大的影响因子也不到 0.08。从表 3 – 4 到表 3 – 6 可以看到 3σ 随机误差对目标的速度影响较大,z 方向的影响因子基本都超过 0.1。这主要是由于 z 方向速度相比较 x、y 方向速度本身的量值较小,所以随机误差对于 z 方向的影响因子都偏大。

综合上面的分析可以明显地看出,跟踪测量数据都不可避免地包含有随机误差,它的存在及其变化幅度都直接影响到对数据序列进行准确科学的分析,尤其对飞行目标的准确定位带来干扰,必须尽可能减少或消弱随机误差,以期为高精度地解算弹道参数提供可靠支持。

参考文献

［1］刘利生．外弹道测量数据处理［M］．北京：国防工业出版社，2002．

［2］何友，张财生，丁家会，等．无源相干脉冲雷达时间同步误差影响分析［J］．中国科学：信息科学，2011，41（6）：749 – 760．

［3］王敏，胡绍林，安振军．外弹道测量数据误差影响分析技术及应用［M］．北京：国防工业出版社，2008．1．

［4］王敏，胡绍林，安振军．跟踪测量数据系统误差残差的影响分析［J］．飞行力学，2004，22（1）：74 – 78．

［5］王佳，沈世禄，王敏，等．短基线干涉仪数据误差影响分析［J］．载人航天，2013，19（3）：68 – 72．

［6］王佳，王敏，徐晓辉．一种干涉仪数据斑点型野值修正方法［J］．弹箭与制导学报，2013，33（2）：106 – 108．

［7］胡绍林．飞行器外测系统的误差分析与评估［J］．靶场试验与管理，1993，3（8）：17 – 22．

［8］李晓勇，张忠华，杨磊．航天器海上测量数据的误差辨识与统计分析［M］．北京：国防工业出版社，2013．

［9］贾兴泉．连续波雷达处理［M］．北京：国防工业出版社，2005．

［10］中国人民解放军总装备部军事训练教材编辑工作委员会．运载火箭外测与安全系统［M］．北京：国防工业出版社，2001．

第4章
多测速系统误差修正及误差影响分析

多测速系统具有提高机动能力,缩短联试时间,提高跟踪性能和节省维护经费的新一代高精度测速雷达,它是我国靶场测控体制和设备发展的重大突破,为我国高精度外弹道测量体制的建立和更新提供了一个崭新的思路,在我国的靶场试验中发挥了重要作用。本章在简介多测速测量系统基础上,阐述误差修正,以及误差影响分析。

4.1 多测速测量系统简介

目前,在我国高精度测量带已启用新型的多测速雷达系统。该系统由多台套高精度连续波测速设备组成,通过单套、多点对飞行目标的测量,可测得距离和变化率并得出飞行目标的瞬时速度。利用获取的速度数据,经过科学、有效的系统误差修正,通过多测站的数据融合技术,可实现对飞行目标进行定轨。

4.1.1 系统工作原理

高精度测速系统的主站测速雷达发射连续波信号,经箭/弹上应答机转发,由地面副站测速雷达接收机接收信号并测量多普勒频率,从而获得多个径向速度信息。测速雷达的测速基础是多普勒效应,多普勒效应是指相对于发射源运动的测量设备测到的频率并不是发射源发射的频率,而是在发射频率上叠加一个频率,这种现象叫做多普勒效应。接收频率 f_R 与发射频率 f_T 的差称为多普勒频率。测速雷达测速原理见图 4 - 1。

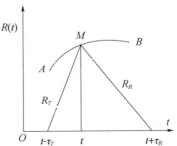

图 4 - 1 测速雷达测速原理图

$$f_d = f_R - f_T \qquad (4-1)$$

如图 4 - 1 所示,假设发射站在 $t - \tau_T$ 时刻发射信号,目标 M 在 t 时刻接收信号并转发,接收

站在 $t + \tau_R$ 时刻接收到信号，$R_T(t)$ 为目标 M 到发站的距离，$R_R(t)$ 为目标 M 到接收站的距离，C 为光速，则

$$\Phi_T(t - \tau_T) = \Phi_M(t) = \Phi_R(t + \tau_R) \qquad (4-2)$$

式中：$\Phi_T(t - \tau_T)$ 为发射站在 $t - \tau_T$ 时刻的相位；$\Phi_M(t)$ 为目标在 t 时刻的相位；$\Phi_R(t + \tau_R)$ 为接收站在 $t + \tau_R$ 时刻的相位；$\tau_T = R_T(t)/C$；$\tau_R = R_R(t)/C$。

测量设备的多普勒频率为

$$f_d = \frac{C - \dot{R}_T}{C + \dot{R}_R}f_T - f_T = \frac{-(\dot{R}_T + \dot{R}_R)}{C + \dot{R}_R}f_T \qquad (4-3)$$

$\dot{S} = \dot{R}_R + \dot{R}_T$，$f_T$ 为发射频率，于是测速雷达的复原公式为

$$\dot{S} = -\frac{(C + \dot{R}_R)}{f_T} \cdot f_d \qquad (4-4)$$

式（4-4）是信息复原的精确公式，如果 $C >> \dot{R}_R$，则简化为

$$\dot{S} \approx -\frac{C}{f_T}f_d = -\lambda f_d \qquad (4-5)$$

4.1.2 系统组成及功能

4.1.2.1 系统组成

靶场高精度多测速雷达系统设计为两车一站（上行站）与一站一车（下行站）的机动测量站组成形式。上行站的天线车安装天线及天线座、方舱、双机热备份发射分系统。下行站的前舱安装一部天线及天线座，后舱内置天伺馈、接收、数字基带、时频、检前记录、监视和测试标校等七个分系统。

除运载工具及机械结构外，系统设备主要由天伺馈分系统、发射分系统、接收分系统、基带分系统、时频分系统、记录分系统、监控分系统和测试标校分系统等组成，如图 4-2 所示。

下面对天伺馈、高频发射、高频接收、数字基带、记录、时频、监控和测试标校八大主要系统进行简单介绍，分系统划分见图 4-3。

1）天伺馈分系统

天伺馈分系统由主反射面、副反射面和馈源系统以及发射馈线、接收馈线、伺服与控制等组成。天线和馈线为雷达信号提供发射和接收微波通道，用来完成射频信号的发射和接收，并为跟踪接收机提供偏轴误差信号，可使雷达天线始终对准飞行目标，完成对目标的跟踪，并对角度进行测量。此系统是整个跟踪系统的重要组成部分，是对目标进行角跟踪的执行机构。

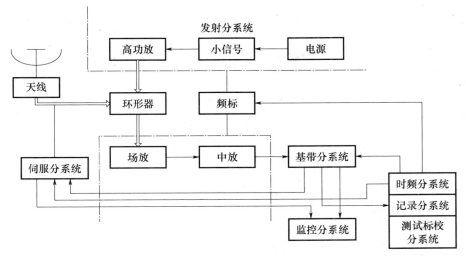

图 4 - 2　系统组成示意图

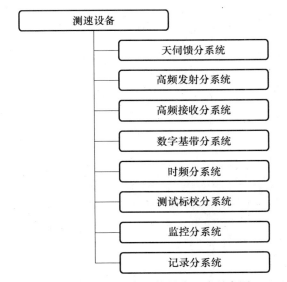

图 4 - 3　测速设备功能划分组成示意图

2）高频发射分系统

发射分系统是靶场高精度多测速雷达系统中的重要组成部分,主要完成两路分时上行射频信号的产生、放大、滤波和馈送,给系统提供一个符合要求的大功率连续波射频信号,所产生的射频能量经雷达馈线传输到雷达天线并辐射到空间。此系统采用固态发射机,此种发射机具有高频率、强功率、大能耗的特点,并具有开机速度快、工作带宽宽、工作电压低、故障软化和工作寿命长等优势。

3）高频接收分系统

接收分系统的主要任务是对高精度多测速雷达系统由馈源馈入的微弱信号进行放大、变频、滤波及数字化处理,同时抑制来自外部的干扰、杂波以及机内的噪声,使信号保持尽可能多的目标信息,以对信号和数据进行进一步的处理。

4）数字基带分系统

数字基带分系统用于对两路载波信号的接收、捕获,进行距离和变化率的测量与自跟踪误差解调,并完成频控码和规定格式测量数据的记录和传输。主要完成信号接收、自跟踪误差解调、记录与重放、中频模拟、信号监视、监控管理、自动化测试等功能。

5）时频分系统

时频分系统实现时间统一,确保不同设备之间时间一致。时频分系统接收外部时统时码基准信号、回收时码信号、GPS/GLONASS、北斗等基准信号,从所接收的时间基准中,恢复获得时间基准信号和时间信息,同步本地高稳振荡源,产生与外部时间同步的时间信号;同时接收外部频率基准信号,产生与外部基准信号同步的高稳定度标频信号,完成系统所需要的时间和标频产生的任务,确保各站在统一的时间、标准频率下协调工作。

6）记录分系统

记录分系统实现对测速设备的两路中频检前信号和 B 码信号的数字化记录、存储与回放,并将模拟信号数字化后直接记录在大容量磁盘中,也能转存到其他存储介质上。此系统主要完成自检、参数设置、记录、回放、实时状态检测、远程监控、数据处理和数据交换等功能。

7）监控分系统

监控分系统是靶场高精度多测速雷达系统的监控管理中心,主要负责测量站内所有设备的运行监控,完成设备控制、参数设置、状态监视、数据记录、故障检测、系统自检、系统标校、自动化测试等任务。监控分系统具有与中心计算机的通信接口,能够实时将测量数据和站内设备运行状态等信息传送给中心计算机,并接收中心计算机传来的起飞时刻、数字引导信息等各类数据。

8）测试标校分系统

测试标校分系统在非任务期间构成系统设备的联试及标校通道,主要完成系统性能检查、相关指标测试、角度标校等任务。该系统的目的是减小或消除测角系统误差,保证天线正常跟踪,使系统达到最佳状态。

4.1.2.2　系统主要功能

高精度多测速雷达系统在弹载/箭载合作目标的配合下,对导弹或火箭进行跟踪测量,获取高精度测速元素,为导弹或卫星发射试验任务的安全控制、实时引导、监控显示、载人航天任务的逃逸救生、导弹或火箭制导系统鉴定及改进设计等提供信息支持。主要有以下功能：

（1）多种跟踪方式。天线有待机、手动控制、指向、搜索扫描、程序引导、数字引导、自跟踪、记忆跟踪、数字引导及反引导等工作方式。

（2）角度测量能力。角度测量和速度测量一样是高精度多测速雷达系统的基本功能，保证天线随时对准目标，实现对目标的角度自动跟踪。

（3）同时接受两路下行频率信号，完成两路径向速度的测量。

（4）实时记录原始测量数据，提供事后数据分析。

4.1.3　主要技术性能

多测速雷达测量系统具有设备构成简单、机动性高、布站灵活、精度高等特点，主要的技术性能如下。

1）雷达频段范围

高精度多测速雷达工作在 C 波段。

2）雷达工作频率

雷达的工作频率主要是根据目标的性质、电波传播条件、天线尺寸、射频器件的性能、雷达的测量精度和功能等要求确定。高精度多测速雷达系统具有两台互为热备份的发射机，为机动转运、布站和快速展开工作创造条件。

3）天线增益

为了保证覆盖航迹下数个测量站点，飞行目标上安装的应答机天线为在水平方向上呈 180°的全向天线；而为了跟踪的稳定性和测量精度，地面雷达天线采用波束较窄的定向天线。

4）跟踪方式

高精度多测速雷达通过一个波纹喇叭由圆波导多模两信道跟踪馈源，利用差模电场方向图在天线轴向为零值，而在偏轴角度上具有极性的特点来实现跟踪。

5）接收灵敏度

高精度多测速雷达实现的是"保精度"灵敏度，即在确保达到测速精度的前提下，接收所能检测的最小门限信号电平。

6）系统捕获

高精度雷达系统捕获包括等待目标、上行载波频率捕获、下行载波频率捕获和角捕获。若跟踪目标丢失时，系统可根据丢失的原因进行系统重捕。

7）采样数据率

采样数据率分实时数据采样率和供事后处理的数据采样率。

4.2　误差修正

为提高测量及飞行目标的外弹道处理精度,通常在精确确定弹道参数之前,要对系统误差进行修正。高精度多测速系统误差主要有时间误差、电波折射误差,以及跟踪部位误差。

4.2.1　时间误差修正

航天运载器的精度分析需要高精度的测量数据,时间不对齐是影响测速设备跟踪数据的主要误差源之一,测速设备测量的数据实际上不是采样时刻的数据,即采样时刻和测量时刻不一致,因此必须对其进行修正。时间误差主要与导弹飞行加速度相关,修正量与飞行加速度趋势基本一致。

测速设备记录的测速数据实际上是每个采样周期内载波的相位增量,即测速采样频率内的多普勒频率增量,也就是通常所说的小增量。测速数据的时间修正不能在小增量上直接做,而是在小增量积累的大增量上做。小增量累积时需要一个距离数据做初值,初值的选取很重要,要选与初始小增量对应的距离。

测速设备本身精度非常高,通常没有时间误差,但由于设备的采样时间与对应的真正时间之间存在一定的偏移量,因此需要对测速设备进行时间误差修正。另外,电波信号在空间传播时存在一定的时延,还需要进行传播时延修正。

$$t'_j = t_j - \mathrm{d}t - \frac{R(t_j)}{c} \qquad (4-6)$$

式中:t'_j 为修正后的真实时间;t_j 为测量的采样时间;$\mathrm{d}t$ 为测量时间偏移量;$\frac{R(t_j)}{c}$ 为电波信号在空间传播时延。

4.2.2　电波折射误差修正

多测速系统的折射误差修正原理模型见 3.2.2 节,通过式(3 - 7)~式(3 - 16)计算后,得出距离和变化率修正为

$$\Delta \dot{S} = \dot{S}_e - \dot{S}_0 = (\dot{R}_e - \dot{R}_0)_{\text{上}} - (\dot{R}_e - \dot{R}_0)_{\text{下}} \qquad (4-7)$$

从式(4 - 7)可知,距离变化率的折射误差主要是由于折射效应改变了多普勒频率传播方向所造成的,而且它主要与目标当前位置速度、传播路径上的折射率和测站位置有关。传播路径上的折射率一般通过大气探空测量获得,也可以利用一些气象统计模型计算得到,这些统计模型有全球的统计平均模型,也有某

地域范围的统计模型。为了使雷达机动范围不受地域限制,一般采用目前比较通用的 Hopfield 对流层折射指数模型来代替探空测量,它在 GNSS 测量中的应用已十分广泛。

4.2.3　跟踪部位修正

由于高精度多测速系统在弹/箭上的合作目标与发射坐标原点存在一定距离,存在的这种跟踪部位的误差需要进行修正处理。

设 r 为合作目标的安装半径,α 为安装半径,h 为截距,则合作目标在弹/箭坐标系中的坐标:

$$[\bar{X}] = \begin{bmatrix} \bar{x} \\ \bar{y} \\ \bar{z} \end{bmatrix} = \begin{bmatrix} h \\ r\cos\alpha \\ r\sin\alpha \end{bmatrix}$$

则,合作目标在发射坐标系中的位置坐标:

$$[X_M] = [X_G] + [\varphi][\psi][\Delta\gamma][\bar{X}]$$

式中:$[X_M]$ 为合作目标在发射坐标系中的位置;$[X_G]$ 为合作目标在惯组中心(或惯性平台中心)的位置;

$$[\varphi] = \begin{bmatrix} \cos\varphi & -\sin\varphi & 0 \\ \sin\varphi & \cos\varphi & 0 \\ 0 & 0 & 1 \end{bmatrix}$$

$$[\psi] = \begin{bmatrix} \cos\psi & 0 & \sin\psi \\ 0 & 1 & 0 \\ -\sin\psi & 0 & \cos\psi \end{bmatrix}$$

$$[\Delta\gamma] = \begin{bmatrix} 1 & 0 & 0 \\ 0 & \cos\Delta\gamma & -\sin\Delta\gamma \\ 0 & \sin\Delta\gamma & \cos\Delta\gamma \end{bmatrix}$$

其中,φ 为箭体俯仰角;ψ 为箭体偏航角;$\Delta\gamma$ 为与箭体滚动角相关的角度。

再利用式(3-22)获取距离和及其变化率的跟踪部位修王量。

4.2.4　其他误差

高精度多测速系统的测速基础是多普勒效应,由一主多副或两主多副构成测速测量体制,主站测速雷达发射连续波信号,经目标应答机转发,由副站测速雷达接收信号并测量多普勒频率,从而获得多个径向速度信息。虽然测量终端的多普勒频率测量精度能达到毫赫量级,但在实际测量过程中,多普勒频率的测量精度受到热噪声、频率源的频率稳定度、发射信号谱线宽度、频率源的频率漂移、多路径误差、空间折射误差等多种因素的影响,往往会使测量信号夹杂着随机噪声,同时目标的飞行速度急剧变化、姿态调整等特征点发生动作时,对多普勒频率的测量精度也有较大影响,这势必给多测速的测元数据带来了不确定因素,此误差对飞行目标参数的影响将在4.3节进行分析。又如,测元数据在进行了误差修正后,其存在的模型误差也势必会影响到目标参数的准确确定,此内容将在4.3中进行详细阐述。

4.3 误差影响分析

本节的误差影响分析,针对影响飞行目标弹道参数确定的主要误差进行阐述,即时间误差、多普勒频率误差,以及修正后的模型误差。

4.3.1 时间插值影响分析

通常,外弹道数据处理的时间应与遥测的发射零时对齐,然后提取相应的采样点。在这个过程中,通常采用插值方法。插值方法理论是近似计算和逼近函数的有效方法,本节为了使测量数据得到更为逼近的结果,针对经常使用的插值方法进行讨论,为避免连续不可导数据点插值的"过冲"或"欠冲"情况提供有效的分析手段。

4.3.1.1 方法分析

针对典型的拉格朗日插值、埃特金逐步插值和光滑插值方法进行比对分析,同时给出插值方法的必要条件。

1)插值方法

(1)拉格朗日插值。

设 $y = f(x)$ 的 $n + 1$ 个节点 $x_0, x_1, \cdots, x_n$ 及其对应的函数值为 $y_i = f(x_i) x_i$ $(i = 0, 1, \cdots, n)$,对于插值区间任一点 x,可用拉格朗日插值多项式 $L_n(x)$ 计算函数值:

$$f(x) \approx L_n(x) = \sum_{i=0}^{n} \prod_{\substack{j=0 \\ j \neq i}}^{n} \left(\frac{x - x_j}{x_i - x_j} \right) y_i \qquad (4-8)$$

式中: $L_n(x_i) = f(x_i) = y_i \quad (i = 0, 1, \cdots, n)$。

特别对于等距节点 $x_i = x_0 + ih (i = 0, 1, \cdots, n)$,有

$$L_n(x) = \frac{\Pi_n(x)}{n!h^n} \sum_{i=0}^{n} (-1)^{n-i} \binom{n}{i} \frac{y_i}{x - x_i} \qquad (4-9)$$

式中：$\Pi_n(x) = (x - x_0)(x - x_1)\cdots(x - x_n)$。

在实际应用中，拉格朗日法涉及插值的阶数选择问题，如果选用的阶数太低，精度将达不到要求，如果阶数过高可能就会在区间边界出现摆动，因此，需要选择适当的阶数。通常在连续可导的数据中，一般使用的是三点插值，但在外弹道数据处理中，当一些测元或参数数据存在连续不可导的数据点时，使用三点插值会使插值后的数据明显出现"欠冲"或"过冲"现象，给后续的外弹道目标定位计算结果带来严重的影响。为了避免这种情况的出现，在实际计算中，总结出了在给定的 n 个节点中一般选取 8 个节点进行插值，即选取满足条件 $x_k < x_{k+1} < x_{k+2} < x_{k+3} < x_{k+4} < x_{k+5} < x_{k+6} < x_{k+7}$ 的 8 个节点，用 7 次拉格朗日插值多项式计算插值点 t 处的函数近似值可有效实现逼近效果，其计算模型为

$$f(x) = \sum_{i=k}^{k+7} \prod_{\substack{j=k \\ j \neq i}}^{k+7} \left(\frac{x - x_j}{x_i - x_j} \right) y_i \qquad (4-10)$$

当插值点 t 靠近 n 个节点所在区间的某端时，选取的节点将少于 8 个；当插值点 t 位于包含 n 个节点的区间外时，则仅取区间某端的 4 个节点进行插值。

（2）埃特金逐步插值。

埃特金逐步插值也是数据处理中常用的一种方法，它解决了拉格朗日插值为提高数据精度增加插值节点时，要重新计算全部基函数，使整个插值多项式的结构都会发生变化的问题。该方法是在拉格朗日插值的基础上组合已知的计算值，其计算公式为

$$I_{0,1,\cdots,K,K+1}(x) = I_{0,1,\cdots,K}(x) + \frac{I_{0,1,\cdots,K-1,K+1}(x) - I_{0,1,\cdots,K}(x)}{(x_{k+1} - x_k)}(x - x_k),$$

$$f(x_i) = I_i \qquad (4-11)$$

（3）光滑插值。

设给定的节点为 $x_0 < x_1 < \cdots < x_{n-1}$，其相应的函数值为 $y_0, y_1, \cdots, y_{n-1}$。若在子区间 $[x_k, x_{k+1}](k=0,1,\cdots,n-2)$ 上的两个端点处有以下 4 个条件：

$$\begin{cases} y_k = f(x_k) \\ y_{k+1} = f(x_{k+1}) \\ y'_k = g_k \\ y'_{k+1} = g_{k+1} \end{cases} \qquad (4-12)$$

则在此区间上可以唯一确定一个三次多项式：

$$s(x) = s_0 + s_1(x - x_k) + s_2(x - x_k)^2 + s_3(x - x_k)^3 \qquad (4-13)$$

并且用此三次多项式计算该子区间上的插值点 t 处的函数近似值。

g_k 和 g_{k+1} 由下式计算：

$$g_k = \frac{|u_{k+1} - u_k| u_{k-1} + |u_{k-1} - u_{k-2}| u_k}{|u_{k+1} - u_k| + |u_{k-1} - u_{k-2}|} \qquad (4-14)$$

$$g_{k+1} = \frac{|u_{k+2} - u_{k+1}| u_k + |u_k - u_{k-1}| u_{k+1}}{|u_{k+2} - u_{k+1}| + |u_k - u_{k-1}|} \qquad (4-15)$$

式中：$u_k = \dfrac{y_{k+1} - y_k}{x_{k+1} - x_k}$。

且在端点处有

$u_{-1} = 2u_0 - u_1, u_{-2} = 2u_{-1} - u_0, u_{n-1} = 2u_{n-2} - u_{n-3}, u_n = 2u_{n-1} - u_{n-2}$

当 $u_{k+1} = u_k$ 与 $u_{k-1} = u_{k-2}$ 时：

$$g_k = \frac{u_{k-1} + u_k}{2} \qquad (4-16)$$

当 $u_{k+2} = u_{k+1}$ 与 $u_k = u_{k-1}$ 时，有

$$g_{k+1} = \frac{u_k + u_{k+1}}{2} \qquad (4-17)$$

最后可以得到区间 $[x_k, x_{k+1}]$（$k = 0, 1, \cdots, n-2$）上的三次多项式的系数为

$$\hat{s}_0 = y_k, \hat{s}_1 = g_k, \hat{s}_2 = \frac{3u_k - 2g_k - g_{k+1}}{x_{k+1} - x_k}, \hat{s}_3 = \frac{g_{k+1} + g_k - 2u_k}{(x_{k+1} - x_k)^2}$$

插值点 t（$t \in [x_k, x_{k+1}]$）处的函数近似值为

$$\hat{s}(t) = \hat{s}_0 + \hat{s}_1(t - x_k) + \hat{s}_2(t - x_k)^2 + \hat{s}_3(t - x_k)^3 \qquad (4-18)$$

2）插值方法必要条件

为了评估数据插值效果，必须用一种评判手段。这里，利用如下方法：

如果 $f^{(n)}(x)$ 在区间 $[a, b]$ 上连续，$f^{(n+1)}(x)$ 在 (a, b) 内存在，$L_n(x)$ 为在节点 $a \leqslant x_0 < x_1 < \cdots < x_n < x_{k+5} \leqslant b$ 上满足插值条件的插值多项式，则对任一 $x \in (a, b)$，其插值余项应满足

$$R_n(x) = f(x) - L_n(x) = \frac{f^{(n+1)}(\varepsilon)}{(n+1)!}\omega_{n+1}(x) = 0 \qquad (4-19)$$

式中：$\omega_{n+1}(x) = \prod_{i=0}^{n}(x - x_i)$；$\varepsilon \in (a, b)$ 且依赖于 x。

4.3.1.2　实用效果分析

在此，针对特征点处的测量数据进行插值效果分析。图 4-4 ~ 图 4-7 为不同插值效果数据比对图。

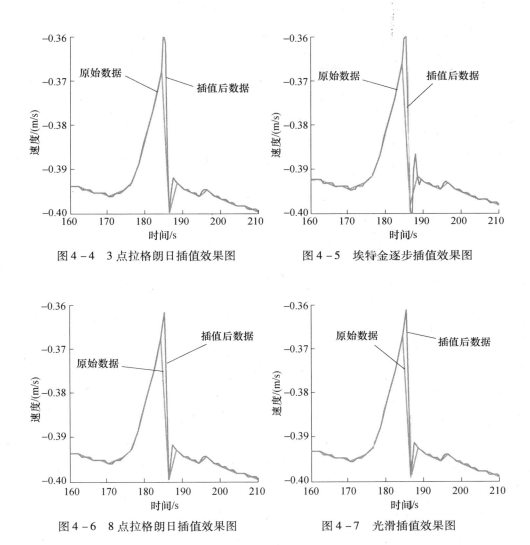

图 4-4　3 点拉格朗日插值效果图　　　　图 4-5　埃特金逐步插值效果图

图 4-6　8 点拉格朗日插值效果图　　　　图 4-7　光滑插值效果图

　　图 4-4~图 4-5 分别采用 3 点拉格朗日插值和埃特金逐步插值,这两种方法均在连续不可导处的插值精度很差,出现了"过冲"或"欠冲"现象,并通过这种插值方法使得整个数据序列被这种不良影响所"污染",无法满足插值方法的必要条件。这说明,3 点拉格朗日插值阶数不够,埃特金逐步插值虽然可解决拉格朗日插值为提高精度增加插值节点时,要重新计算全部基函数,使整个插值多项式的结构都发生变化的问题,但是还是无法满足在连续不可导点处的插值逼近效果。

　　图 4-6~图 4-7 分别采用 8 点拉格朗日插值和光滑插值,这两种方法有效避免了"过冲"或"欠冲"现象,解决了数据中存在连续不可导时的插值数据点出

现的"异常"问题,是一种能更为准确地逼近数据函数的有效计算方法,基本满足了插值方法的必要条件。

4.3.2 多普勒频率误差影响分析

测速跟踪测量设备的理论基础是多普勒效应,即测量瞬时多普勒频率的多普勒求速法。多普勒效应是指相对于发射源运动的测量设备测到的频率并不是发射源发射的频率,而是在发射频率上叠加一个频率。由于目标运动的不规律性,再叠加上发射信号谱线宽度、频率源的频率漂移、多路径误差、空间折射误差等多种因素的影响,引起测速测量误差。本节从多测速的测量数据的源头出发,针对多普勒频率误差引发飞行目标参数的影响进行分析,以期为后续的数据处理提供分析手段。

4.3.2.1 多普勒数据

多普勒频率误差会对多测速测量系统的性能产生影响,直至对测量目标弹道参数精度带来干扰。高精度多测速系统一般按照二进制格式记录多普勒频率,通过转换至距离和变化率复原公式为

$$\dot{S} = -\frac{(c + \dot{R})}{f_0} \cdot f_d \tag{4-20}$$

式中:c 为光速;$\dot{R}$ 为接收测站对目标的径向速度;f_d 为多普勒频率;f_0 为应答机转发频率。

4.3.2.2 多普勒频率影响分析模型

为了分析多测速测量的多普勒数据误差引起的对飞行目标弹道参数的影响,必须建立多普勒影响分析模型。

1)测量方程

多测速系统测量方程:

$$\dot{S}_k = \dot{R}_0 + \dot{R}_k, k = 1, 2, \cdots, n \tag{4-21}$$

式中:$R_k = \sqrt{(x_k - x)^2 + (y_k - y)^2 + (z_k - z)^2}$;

$\dot{R}_k = \frac{(x - x_k)}{R_k}\dot{x} + \frac{(y - y_k)}{R_k}\dot{y} + \frac{(z - z_k)}{R_k}\dot{z}$。

其中:(x_k, y_k, z_k) 为站址坐标;$(x, y, z, \dot{x}, \dot{y}, \dot{z})$ 为弹道参数。

2)分析模型

以目前航天靶场常采用的一主三副的测量体制为例,设多测速多普勒频率

误差为(Δf_{d1},Δf_{d2},Δf_{d3},Δf_{d4}),对目标飞行速度的影响量为($\Delta \dot{x}$,$\Delta \dot{y}$,$\Delta \dot{z}$)。由于式(4-20)中 $c > \dot{R}$,则对式(4-21)可建立如下方程

$$
\begin{cases}
-\dfrac{c}{f_0}f_{d1} = \dfrac{x-x_0}{R_0}\dot{x} + \dfrac{y-y_0}{R_0}\dot{y} + \dfrac{z-z_0}{R_0}\dot{z} + \dfrac{x-x_1}{R_1}\dot{x} + \dfrac{y-y_1}{R_1}\dot{y} + \dfrac{z-z_1}{R_1}\dot{z} \\[2mm]
-\dfrac{c}{f_0}f_{d2} = \dfrac{x-x_0}{R_0}\dot{x} + \dfrac{y-y_0}{R_0}\dot{y} + \dfrac{z-z_0}{R_0}\dot{z} + \dfrac{x-x_2}{R_2}\dot{x} + \dfrac{y-y_2}{R_2}\dot{y} + \dfrac{z-z_2}{R_2}\dot{z} \\[2mm]
-\dfrac{c}{f_0}f_{d3} = \dfrac{x-x_0}{R_0}\dot{x} + \dfrac{y-y_0}{R_0}\dot{y} + \dfrac{z-z_0}{R_0}\dot{z} + \dfrac{x-x_3}{R_3}\dot{x} + \dfrac{y-y_3}{R_3}\dot{y} + \dfrac{z-z_3}{R_3}\dot{z} \\[2mm]
-\dfrac{c}{f_0}f_{d4} = \dfrac{x-x_0}{R_0}\dot{x} + \dfrac{y-y_0}{R_0}\dot{y} + \dfrac{z-z_0}{R_0}\dot{z} + \dfrac{x-x_4}{R_4}\dot{x} + \dfrac{y-y_4}{R_4}\dot{y} + \dfrac{z-z_4}{R_4}\dot{z}
\end{cases}
\quad (4-22)
$$

式(4-22)两侧进行微分得

$$
\begin{bmatrix}
-\dfrac{c}{f_0} & 0 & 0 & 0 \\[2mm]
0 & -\dfrac{c}{f_0} & 0 & 0 \\[2mm]
0 & 0 & -\dfrac{c}{f_0} & 0 \\[2mm]
0 & 0 & 0 & -\dfrac{c}{f_0}
\end{bmatrix}
\begin{bmatrix}
\Delta f_{d1} \\ \Delta f_{d2} \\ \Delta f_{d3} \\ \Delta f_{d4}
\end{bmatrix} =
$$

$$
\begin{bmatrix}
\dfrac{x-x_0}{R_0}+\dfrac{x-x_1}{R_1} & \dfrac{y-y_0}{R_0}+\dfrac{y-y_1}{R_1} & \dfrac{z-z_0}{R_0}+\dfrac{z-z_1}{R_1} \\[2mm]
\dfrac{x-x_0}{R_0}+\dfrac{x-x_2}{R_2} & \dfrac{y-y_0}{R_0}+\dfrac{y-y_2}{R_2} & \dfrac{z-z_0}{R_0}+\dfrac{z-z_2}{R_2} \\[2mm]
\dfrac{x-x_0}{R_0}+\dfrac{x-x_3}{R_3} & \dfrac{y-y_0}{R_0}+\dfrac{y-y_3}{R_3} & \dfrac{z-z_0}{R_0}+\dfrac{z-z_3}{R_3} \\[2mm]
\dfrac{x-x_0}{R_0}+\dfrac{x-x_4}{R_4} & \dfrac{y-y_0}{R_0}+\dfrac{y-y_4}{R_4} & \dfrac{z-z_0}{R_0}+\dfrac{z-z_4}{R_4}
\end{bmatrix}
\begin{bmatrix}
\Delta \dot{x} \\ \Delta \dot{y} \\ \Delta \dot{z}
\end{bmatrix}
\quad (4-23)
$$

式(4-23)可写成矢量形式:

$$
\begin{bmatrix}
\Delta \dot{x} \\ \Delta \dot{y} \\ \Delta \dot{z}
\end{bmatrix} = (\boldsymbol{D}^{\mathrm{T}}\boldsymbol{D})^{-1}\boldsymbol{D}^{\mathrm{T}}\boldsymbol{B}
\begin{bmatrix}
\Delta f_{d1} \\ \Delta f_{d2} \\ \Delta f_{d3} \\ \Delta f_{d4}
\end{bmatrix}
\quad (4-24)
$$

式中：

$$
D = \begin{bmatrix}
\dfrac{x-x_0}{R_0} + \dfrac{x-x_1}{R_1} & \dfrac{y-y_0}{R_0} + \dfrac{y-y_1}{R_1} & \dfrac{z-z_0}{R_0} + \dfrac{z-z_1}{R_1} \\[3mm]
\dfrac{x-x_0}{R_0} + \dfrac{x-x_2}{R_2} & \dfrac{y-y_0}{R_0} + \dfrac{y-y_2}{R_2} & \dfrac{z-z_0}{R_0} + \dfrac{z-z_2}{R_2} \\[3mm]
\dfrac{x-x_0}{R_0} + \dfrac{x-x_3}{R_3} & \dfrac{y-y_0}{R_0} + \dfrac{y-y_3}{R_3} & \dfrac{z-z_0}{R_0} + \dfrac{z-z_3}{R_3} \\[3mm]
\dfrac{x-x_0}{R_0} + \dfrac{x-x_4}{R_4} & \dfrac{y-y_0}{R_0} + \dfrac{y-y_4}{R_4} & \dfrac{z-z_0}{R_0} + \dfrac{z-z_4}{R_4}
\end{bmatrix}
$$

$$
B = \begin{bmatrix}
-\dfrac{c}{f_0} & 0 & 0 & 0 \\[3mm]
0 & -\dfrac{c}{f_0} & 0 & 0 \\[3mm]
0 & 0 & -\dfrac{c}{f_0} & 0 \\[3mm]
0 & 0 & 0 & -\dfrac{c}{f_0}
\end{bmatrix}
$$

4.3.2.3 实例分析

在多测速系统中，主站采用的是双向共源测速模式，即主站发射、应答机相参转发、主站接收，这种测速模式的测速精度较高，多普勒频率误差对飞行目标弹道参数的影响极小。副站采用的是双向不共源测速模式，即主站发射、应答机相参转发、副站接收，这种测速模式对飞行目标弹道参数会产生一定的影响。故此处主要针对副站多普勒频率误差对目标定速结果的影响进行分析。

以航天靶场相关发射方向、布站及多测速跟踪弧段情况为例，对影响量值进行分析。这里，分别在多普勒频率误差设计指标 σ、2σ、3σ 的情况下，对目标的定速影响进行分析。图 4-8～图 4-10 为副一站在多普勒频率误差为 1σ、2σ、3σ 时，目标在 X 方向、Y 方向和 Z 方向的定速影响图。

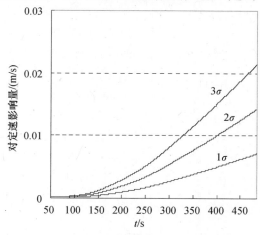

图 4-8　多普勒误差对 X 方向定速影响图

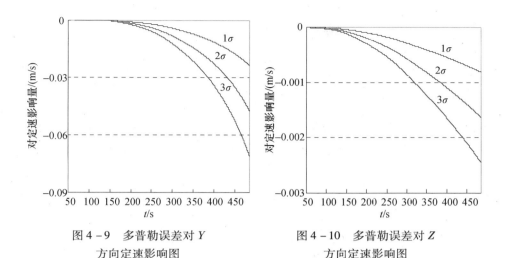

图4-9　多普勒误差对Y　　　　　图4-10　多普勒误差对Z
　　　方向定速影响图　　　　　　　　方向定速影响图

从图4-8~图4-10中可以看出,副一站多普勒频率误差对Y方向的定速影响较大,对X、Z方向的定速影响较小。具体最大影响量值见表4-1。

表4-1　副一站多普勒频率误差对定速影响最大值数据表

定速影响最大值	1σ(m/s)	2σ(m/s)	3σ(m/s)
X方向	0.0068	0.0140	0.0210
Y方向	-0.0222	-0.0452	-0.0691
Z方向	-0.0008	-0.0016	-0.0024

图4-11~图4-13为副二站在多普勒频率误差为1σ、2σ、3σ时,目标在X方向、Y方向和Z方向的定速影响图。

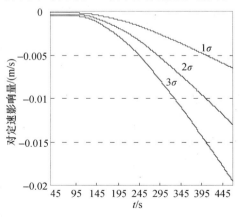

图4-11　多普勒误差对X
　　　方向定速影响图

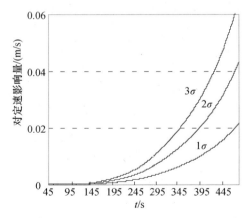

图4-12　多普勒误差对Y
　　　方向定速影响图

从图 4-11～图 4-13 中可以看出,与副一站相似,副二站多普勒频率误差对 X、Z 方向的定速影响量值相当,对 Y 方向的定速影响较大。具体最大影响量值见表 4-2。

表 4-2　副二站多普勒频率误差对定速影响最大值数据表

定速影响最大值	$1\sigma(m/s)$	$2\sigma(m/s)$	$3\sigma(m/s)$
X 方向	-0.0064	-0.0129	-0.0192
Y 方向	0.0213	0.0435	0.0601
Z 方向	0.0050	0.0100	0.0150

图 4-14～图 4-16 为副三站在多普勒频率误差为 1σ、2σ、3σ 时,目标在 X 方向、Y 方向和 Z 方向的定速影响图。

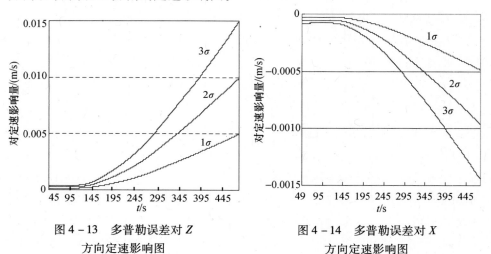

图 4-13　多普勒误差对 Z
方向定速影响图

图 4-14　多普勒误差对 X
方向定速影响图

从图 4-14～图 4-16 中可以看出,副三站多普勒频率误差对 Z 方向的定速影响较大,对 Y 方向影响次之,对 X 方向影响较小。整体看来,副三站多普勒频率误差对 X、Y、Z 三个方向的定速影响都较副一站和副二站小。具体最大影响量值见表 4-3。

表 4-3　副三站多普勒频率误差对定速影响最大值数据表

定速影响最大值	$1\sigma(m/s)$	$2\sigma(m/s)$	$3\sigma(m/s)$
X 方向	-0.0005	-0.0010	-0.0014
Y 方向	0.0020	0.0040	0.0060
Z 方向	-0.0042	-0.0083	-0.0124

通过上述分析结果可以看出,多普勒频率误差对副一站和副二站的定速影响较大,当误差量为 1σ 时,对定速影响最大可达 0.02m/s,当误差量为 3σ 时,对定速影响最大可达到 0.06m/s,已影响到了计算精度。

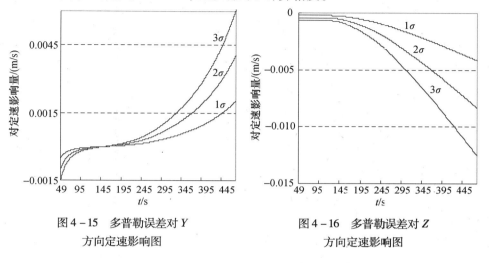

图 4-15　多普勒误差对 Y
方向定速影响图

图 4-16　多普勒误差对 Z
方向定速影响图

4.3.2.4　结论

本节针对多测速测量系统的多普勒频率误差对定速影响进行了定量分析。根据上述分析可以看出,多普勒频率的微小误差就会给飞行目标定速结果带来较大的影响,且影响量随时间增加而逐渐变大。因此,利用多测速系统测量数据进行目标定速时,必须对目标飞行过程中出现的过偏数据,以及速度急剧变化、姿态调整等特征点处多普勒频率误差较大的测量数据进行有效处理。

上述具体量值的分析结果,虽然是在某种具体射向、布站情况下得出的结论,但为分析多测速系统的多普勒频率误差对飞行目标的定速影响提供了分析的技术手段,此方法可为提高外弹道数据处理精度提供支持。

4.3.3　模型误差影响分析

一般来说,为了便于估计和处理,采用的数据处理模型往往是一种紧致模型,仅仅描述了数据处理模型的主要部分,因此与实际物理模型存在一定的差异,这种差异称为模型误差。在航天试验靶场中,用于跟踪飞行目标的大型测量设备,由于其系统误差源的复杂性,以及形式的多样性,实际处理中,并不是所有的系统误差都建立十分精细的模型,除了有比较明确的工程背景和相应数学模型的系统误差可修正外,还存在着难以用明确的实际模型,或虽然有明确的模型但难以用较少参数表示,或者数学建模处理时,难以进行估计的系统误差。由于模型误差的复杂性和不确定性因素较多,往往是不可识别或不可估计的,模型误差的存在,势必影响到飞行目标的高精度数据处理结果。

多测速多普勒频率测元数据在进行整理后获得的距离和变化率,通过系统误差模型修正后,尚存在模型误差,这种误差的存在,难以用模型进行消除。在此,对其影响量值进行分析,以期了解这种误差对目标参数的影响程度。

4.3.3.1 距离和变化率

以试验靶场中一主多副的测量体制为例,具体分析距离和变化率模型误差的存在对目标飞行参数的影响。

设 (x_i, y_i, z_i) 为第 i 站址坐标;$(x, y, z, \dot{x}, \dot{y}, \dot{z})$ 为飞行目标的弹道参数,建立距离和变化率的测量方程为

$$\dot{S}_i = \dot{R}_0 + \dot{R}_i \tag{4-25}$$

一主多副的测量体制组成测量方程组:

$$\begin{cases} \dot{S}_1 = \dot{R}_0 + \dot{R}_1 \\ \dot{S}_2 = \dot{R}_0 + \dot{R}_2 \\ \quad\vdots \\ \dot{S}_i = \dot{R}_0 + \dot{R}_i \end{cases} \tag{4-26}$$

式中:$R_i = \sqrt{(x_i - x)^2 + (y_i - y)^2 + (z_i - z)^2}$;$\dot{R}_i = \dfrac{(x - x_i)}{R_i}\dot{x} + \dfrac{(y - y_i)}{R_i}\dot{y} + \dfrac{(z - z_i)}{R_i}\dot{z}$。

4.3.3.2 影响分析模型

为了分析距离和变化率对飞行目标参数的影响,将式(4-25)构造成

$$\Delta\dot{S}_i = -\left(\frac{(x - x_0)^2}{R_0^{5/2}} + \frac{(x - x_i)^2}{R_i^{5/2}}\right)\Delta\dot{x} - \left(\frac{(y - y_0)^2}{R_0^{5/2}} + \frac{(y - y_i)^2}{R_i^{5/2}}\right)\Delta\dot{y}$$

$$- \left(\frac{(z - z_0)^2}{R_0^{5/2}} + \frac{(z - z_i)^2}{R_i^{5/2}}\right)\Delta\dot{z} \tag{4-27}$$

依据式(4-27)、式(4-26)可构造成矢量形式:

$$
\begin{bmatrix} \Delta \dot{x} \\ \Delta \dot{y} \\ \Delta \dot{z} \end{bmatrix} = (\boldsymbol{D}^{\mathrm{T}} \boldsymbol{D})^{-1} \boldsymbol{D}^{\mathrm{T}} \begin{bmatrix} \Delta \dot{S}_1 \\ \Delta \dot{S}_2 \\ \vdots \\ \Delta \dot{S}_i \end{bmatrix} \qquad (4-28)
$$

式中：

$$
\boldsymbol{D} = \begin{vmatrix} -\dfrac{(x-x_0)^2}{R_0^{5/2}} - \dfrac{(x-x_1)^2}{R_1^{5/2}} & -\dfrac{(y-y_0)^2}{R_0^{5/2}} - \dfrac{(y-y_1)^2}{R_1^{5/2}} & -\dfrac{(z-z_0)^2}{R_0^{5/2}} - \dfrac{(z-z_1)^2}{R_1^{5/2}} \\ -\dfrac{(x-x_0)^2}{R_0^{5/2}} - \dfrac{(x-x_2)^2}{R_2^{5/2}} & -\dfrac{(y-y_0)^2}{R_0^{5/2}} - \dfrac{(y-y_2)^2}{R_2^{5/2}} & -\dfrac{(z-z_0)^2}{R_0^{5/2}} - \dfrac{(z-z_2)^2}{R_2^{5/2}} \\ \vdots & \vdots & \vdots \\ -\dfrac{(x-x_0)^2}{R_0^{5/2}} - \dfrac{(x-x_i)^2}{R_i^{5/2}} & -\dfrac{(y-y_0)^2}{R_0^{5/2}} - \dfrac{(y-y_i)^2}{R_i^{5/2}} & -\dfrac{(z-z_C)^2}{R_0^{5/2}} - \dfrac{(z-z_i)^2}{R_i^{5/2}} \end{vmatrix}
$$

4.3.3.3　实例分析

以航天靶场中常用的一主三副为例,并以某具体射向及布站情况为分析对象,针对距离和变化率残留的模型误差引发的飞行目标参数的影响进行分析。这里,设模型误差量值以 Δ 为单位,在此分析 Δ、2Δ、3Δ 不同量值时,对飞行目标参数的影响。由于主站采用的是双向共源测速模式,这和测速模式的测速精度较高,对目标飞行弹道参数影响极小,所以,这里仅对副站进行讨论分析。

图 4-17～图 4-19 为副一站在距离和变化率不同误差变化时,目标在 X 方向、Y 方向和 Z 方向引发的不同时刻的灵敏度情况。

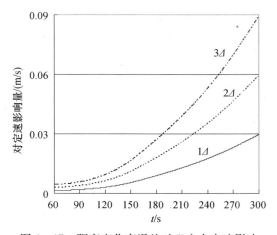

图 4-17　距离变化率误差对 X 方向定速影响

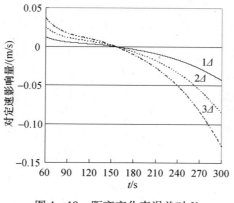

图 4-18　距离变化率误差对 Y
　　　　 方向定速影响

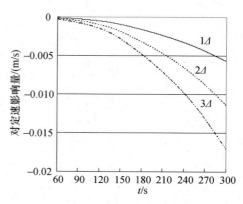

图 4-19　距离变化率误差对 Z
　　　　 方向定速影响

从图 4-17~图 4-19 中可以明显看出,副一站的距离和变化率模型误差对目标参数 Y 方向速度的总体影响非常明显,X 方向次之,对 Z 方向的影响最小。

图 4-20~图 4-22 为副二站在距离和变化率不同误差变化时,目标在 X 方向、Y 方向和 Z 方向引发的不同时刻的灵敏度情况。

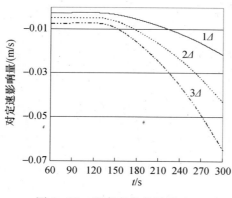

图 4-20　距离变化率误差对 X
　　　　 方向定速影响

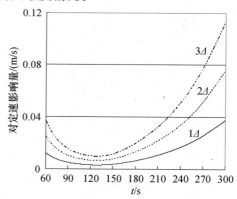

图 4-21　距离变化率误差对 Y
　　　　 方向定速影响

从图 4-20~图 4-22 中可以明显看出,副二站的距离和变化率模型误差对目标参数 Y 方向和 X 方向的影响量值相当,但方向相反;对 Z 方向的影响量值较副一站的影响大。

图 4-23~图 4-25 为副三站在距离和变化率不同误差变化时,目标在 X 方向、Y 方向和 Z 方向引发的不同时刻的灵敏度情况。

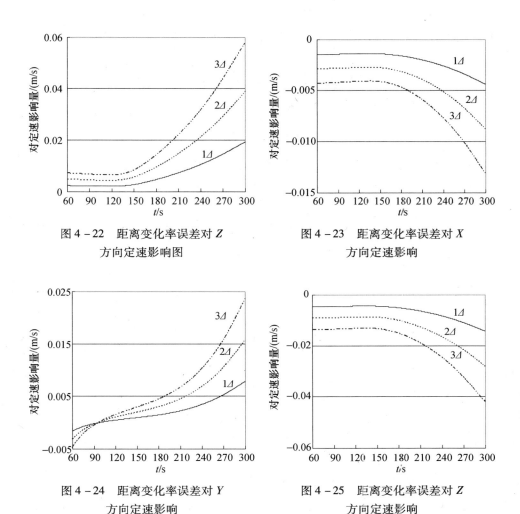

图 4 - 22　距离变化率误差对 Z
方向定速影响图

图 4 - 23　距离变化率误差对 X
方向定速影响

图 4 - 24　距离变化率误差对 Y
方向定速影响

图 4 - 25　距离变化率误差对 Z
方向定速影响

从图 4 - 23 ~ 图 4 - 25 中可以明显看出,副三站的距离和变化率模型误差对目标参数 Y 方向影响量值最小,而对 Z 方向的影响量值最大。

4.3.3.4　结论

上述讨论的结果,虽然是在特定的射向及布站的情况下所得,但该方法可以用于工程试验中对具体情况进行分析,以期更好地了解每一测站的模型误差对目标参数的影响。由于模型误差的复杂性和不确定性因素较多,往往是不可识别或不可估计的,这种影响长期困扰着相关领域的科研技术人员。所以,定量地计算模型误差对飞行目标弹道参数的影响,可充分分析距离和变化率解算出的目标参数的可靠性。

参考文献

[1] 徐士良. 常用算法程序集[M]. 北京:清华大学出版社,2009.

[2] Steven C. Chapra, Raymond P. Canale. 工程数值方法[M]. 北京:清华大学出版社. 2007.

[3] 《数学手册》编写组. 数学手册[M]. 北京:高等教育出版社. 2005.

[4] 李信真,车刚明欧,阳洁,等. 计算方法[M]. 西安:西北工业大学出版社,2001.

[5] 黄富彪,何兵哲,秦玉峰. 中低轨卫星多普勒数据处理技术研究[J]. 微型机与应用,2012,19(31):71~72.

[6] 郭玲红,李亚立. 单脉冲雷达距离和速度测量精度技术分析[J]. 航空兵器,2012,5:31-33.

[7] 崔书华,李果,刘军虎. 特征点插值数据分析及应用[J]. 靶场试验与管理,2013(3):24-28.

[8] 李军. 一种测速雷达测量体制应答机的研制[D]. 成都:电子科技大学,2011:17~21.

[9] 李果,崔书华,沈思,等. 多普勒频率误差对飞行目标参数的影响分析[J]. 弹箭与制导学报,2015,4(35):141~144.

[10] 崔书华,李果,沈思,等. 测速系统模型误差对弹道参数的影响分析[J]. 弹箭与制导学报,2016,36(4):113-115.

[11] 李雪光. 靶场高精度测速雷达系统[M]. 北京:国防工业出版社,2014.

[12] 贾兴泉. 连续波雷达数据处理[M]. 北京:国防工业出版社,2005.

[13] 丁璐飞,耿富录,陈建春. 雷达原理[M]. 北京:电子工业出版社,2014.

[14] 李晓勇,张忠华,杨磊. 航天器海上测量数据的误差识别与统计分析[M]. 北京:国防工业出版社,2013.

[15] 崔书华,刘军虎,宋卫红,等. 基于拟牛顿方法的非线性求解及应用[J]. 上海航天,2013,3(30):16-18.

[16] 崔书华,宋卫红,刘军虎,等. 基于最小二乘改进法测速测量数据处理及应用[J]. 弹箭与制导学报,2013,1(33):159-162.

[17] 王敏,胡绍林,安振军. 外弹道测量数据误差影响分析技术及应用[M]. 北京:国防工业出版社,2008.

[18] 中国人民解放军总装备部军事训练教材编辑工作委员会. 运载火箭外测与安全系统[M]. 北京:国防工业出版社,2001.

第 5 章
数据质量检查与评估

测控网外测数据质量分析与评估是高精度外测数据处理重要工作之一。测速数据质量关系到外弹道数据处理的精准性和可靠性,所以,对测量元素的质量检查及评估就显得尤为重要。本章就随机误差特性、数据拟合优度、数据比对分析等多方面相关技术展开详细介绍。

5.1 随机误差特性分析

各通道实测数据都不可避免地含有随机误差,它的存在及其变化幅度都会直接影响到对数据序列进行准确科学的分析与处理对策的制定。因此,客观地反映各通道测量数据所含随机误差的大小是数据比对分析方法和弹道参数计算结论的重要环节。

而对于雷达设备随机误差的鉴定,典型的方法有最小二乘拟合残差法和变量差分法。需要说明的是,由于变量差分方法只适用于观测数据随机误差序列为白噪声的情况,对于复杂误差噪声序列,会造成统计结果失真,因此,目前外测数据处理中常采用最小二乘拟合残差方法,以及后续研发的方法对测量数据进行随机误差统计。

5.1.1 最小二乘残差统计法

5.1.1.1 方法

设 $\{y_1, y_2, \cdots, y_n\}$ 为观测序列,可表示:

$$y_i = x_i + \varepsilon_i, i = 1, 2, \cdots, n \qquad (5-1)$$

式中:x_i 为观测数据的真实信息与系统误差之和;ε_i 为观测随机误差。

设 x_i 可以用一个 m 阶多项式描述,即

$$x_i = \sum_{j=0}^{m} a_j t_i^j, i = 1, 2, \cdots, n$$

则,式(5-1)可以表示为

$$y_i = \sum_{j=0}^{m} a_j t_i^j + \varepsilon_i, i = 1, 2, \cdots, n \qquad (5-2)$$

假设观测数据的随机误差时序 $\{\varepsilon_i\}$ 具有无偏性和等方差且不相关的特性。当 $n > m + 1$ 时,对 n 个观测数据 $\{y_i\}$ 可估计多项式系数。

式(5-2)写为矢量形式:

$$Y = Ta + \varepsilon$$

式中: $T = \begin{bmatrix} 1 & t_1 & \cdots & t_1^m \\ 1 & t_2 & \cdots & t_2^m \\ \vdots & \vdots & \vdots & \vdots \\ 1 & t_n & \cdots & t_n^m \end{bmatrix}$; $Y = \begin{bmatrix} y_1 \\ y_2 \\ \vdots \\ y_n \end{bmatrix}$; $a = \begin{bmatrix} a_1 \\ a_2 \\ \vdots \\ a_n \end{bmatrix}$; $\varepsilon = \begin{bmatrix} \varepsilon_1 \\ \varepsilon_2 \\ \vdots \\ \varepsilon_n \end{bmatrix}$

可计算出系数估计:

$$\hat{a} = (T^T T)^{-1} T^T Y$$

则得到观测数据的估计:

$$\hat{y}_i = \sum_{j=0}^{m} \hat{a}_j t_i^j, i = 1, 2, \cdots, n \qquad (5-3)$$

随机误差的均方差估计为

$$\hat{\sigma} = \left[\frac{\sum_{i=1}^{n} \left(y_i - \sum_{j=0}^{m} \hat{a}_j t_i^j \right)^2}{n - m - 1} \right]^{1/2} \qquad (5-4)$$

观测数据随机误差序列为有色噪声序列,可以使用最小二乘拟合残差法对随机误差进行描述。但在最小二乘拟合残差法中,在较长的观测数据时间上,通常使用一个较高阶的时间多项式函数才能较好地逼近,然而,高阶多项式带来过多的待估参数,又造成所估计的多项式系数的误差增大,从而影响拟合的准确度。

5.1.2　自回归残差统计法

5.1.2.1　方法

自回归的含义为该模型现在的输出是现在的输入和过去 P 个输出的加权和。设 $\{y_1, y_2, \cdots, y_n\}$ 为观测序列,自回归模型 $AR(p)$ 描述为

$$y_t = a_1 y_{t-1} + a_2 y_{t-2} \cdots + a_p y_{t-p} + \varepsilon_t \qquad (5-5)$$

式中：$a_1, a_2, \cdots, a_P$ 为自回归系数（模型系数）；p 为模型阶数；ε_t 为均值为零、方差为 σ_ε^2 的白噪声序列。

构造 $AR(p)$ 模型待估系数的最小二乘（LS）估计：

$$
\begin{bmatrix} \hat{a}_1 \\ \vdots \\ \hat{a}_p \end{bmatrix} = \left\{ \begin{bmatrix} \Delta y_{t-1} & \cdots & \Delta y_{t-p} \\ \vdots & & \vdots \\ \Delta y_p & \cdots & \Delta y_1 \end{bmatrix}^\tau \begin{bmatrix} \Delta y_{t-1} & \cdots & \Delta y_{t-p} \\ \vdots & & \vdots \\ \Delta y_p & \cdots & \Delta y_1 \end{bmatrix} \right\}^{-1}
$$

$$
\begin{bmatrix} \Delta y_{t-1} & \cdots & \Delta y_{t-p} \\ \vdots & & \vdots \\ \Delta y_p & \cdots & \Delta y_1 \end{bmatrix}^\tau \begin{bmatrix} \Delta y_t \\ \vdots \\ \Delta y_{t-p-1} \end{bmatrix}
$$

基于式（5 – 5）给出的测量量一步预报估计为

$$
\Delta y_t = \hat{a}_1 \Delta y_{t-1} + \hat{a}_2 \Delta y_{t-2} + \cdots + \hat{a}_P \Delta y_{t-p} \tag{5-6}
$$

均方差估计为

$$
\hat{\sigma} = \left[\frac{1}{n-p} \sum_{i=p+1}^{n} \left(\Delta y_j - \sum_{j=1}^{p} \hat{a}_j \Delta y_{j-p} \right)^2 \right]^{1/2} \tag{5-7}
$$

自回归拟合最关键的是最佳阶数的确定。自回归阶次的选取可利用 F 检验方法、最终预测误差（FPE）准则和赤池信息量（AIC）准则来选出合适的阶次。

1）F 检验方法

利用 F 分布检验方法来判别和检验 $AR(p)$ 模型的阶数。判别从某个 p_0（其中 $1 \leq p_0 \leq M$）起，$H_0: a_{p_0+1} = a_{p_0+2} = \cdots = a_p = 0$ 是否成立。令

$$
A_0 = \sum_{t=1}^{N} \left(\Delta y_t - \hat{a}_1 \Delta y_{t-1} - \hat{a}_2 \Delta y_{t-2} - \cdots - \hat{a}_M \Delta y_{t-M} \right)^2 \tag{5-8}
$$

当 H_0 成立时，再利用最小二乘得到回归系数 $\{\hat{a}'_j, j = 1, 2, \cdots, p_0\}$，同样地，令残差平方和为

$$
A_1 = \sum_{t=1}^{N} \left(\Delta y_t - \hat{a}'_1 \Delta y_{t-1} - \hat{a}'_2 \Delta y_{t-2} - \cdots - \hat{a}'_{p_0} \Delta y_{t-p_0} \right)^2
$$

作 F 统计量：

$$
F = \frac{A_1 - A_0}{M - p_0} \Big/ \frac{A_0}{N - p_0} \tag{5-9}
$$

如果 $a_{p_0+1} = a_{p_0+2} = \cdots = a_p = 0$ 成立，可认为 Δy 数据回归模型的阶数 $p = p_0$。

具体计算时，从 $p = M - 1$ 开始检验，假若接受假设，则再进行 $p = M - 2$，直到拒绝假设为止。

2）最终预测误差准则

最终预测误差准则是由模型的预报误差来判明自回归模型的阶数是否恰当。用一个自回归模型去拟合测量数据，往往是希望借助于模型由已有的观测

数据去预测未来,因此,预报效果的好坏,反过来也可以作为模型拟合优劣的检验准则。其准则表达式为

$$\text{FPE}(M) = \frac{N+(M+1)}{N-(M-1)}\hat{\sigma}_M^2 \qquad (5-10)$$

式中:N 为数据采样点数;$\hat{\sigma}_M^2$ 为残差平方和。当计算得到的 FPE(M) 达到最小时,M 即被定为 $AR(p)$ 模型的阶次。

3)赤池信息量准则

赤池信息量定阶准则是把最大似然原理推广至对实践序列进行假设检验,得出的一个信息量准则应用到自回归模型的分析定阶中,它的数学表达式为

$$\text{AIC} = N\log\hat{\sigma}_M^2 + 2(p+q+1) \qquad (5-11)$$

当 AIC 达到最小时,p 和 q 被认为是 ARMA 模型的阶次,对 $AR(p)$ 过程,AIC(p) 和 FPE(p) 是渐进等价的。

也就是说,若数据所符合的真实模型是 $AR(n)$,而用模型 $AR(p)$($p < n$)或($p > n$)去进行拟合,不论是缺参数拟合($p < n$)还是超参数拟合($p > n$)都会使预报误差的方差增大。只有恰到好处地寻找到合适的阶次,才能准确地反映测量数据。

工程中,一般利用 $AR(2)$ 可以有效地实现对跟踪测量数据进行随机误差特性的描述。

5.1.3 容错残差统计法

上述几种典型的随机误差统计方法,一般是在测量数据质量较好的情况下可以直接采用,但都缺乏对异常数据的抗扰能力和对异常数据的容错能力。即使数据中出现少量野值,也往往会导致随机误差统计的结果失真,甚至算法崩溃。这里,提出一种具有容错性能的最小二乘残差统计方法。

5.1.3.1 方法

对测量数据的任意局部弧段进行容错曲线拟合:

$$\overset{\approx}{y}(t) = \hat{a}_0 + \hat{a}_1 t + \cdots + \hat{a}_p t^p \qquad (5-12)$$

其中,拟合系数的容错估计为

$$\begin{pmatrix} \hat{a}_0 \\ \vdots \\ \hat{a}_p \end{pmatrix} = (X^\tau X)^{-1} X^\tau \begin{pmatrix} \tilde{\tilde{y}}(t_{i-s}) \\ \vdots \\ \tilde{\tilde{y}}(t_{i+s}) \end{pmatrix} \qquad (5-13)$$

式中：

$$\begin{cases} \bar{\tilde{y}}(t_i) = \hat{y}(t_i) + \phi(y(t_i) - \hat{y}(t_i), c) \\ \hat{y}(t_i) = (t_i^0, \cdots, t_i^p)(X^\tau X)^{-1} X^\tau \begin{pmatrix} y(t_{i-s}) \\ \vdots \\ y(t_{i+s}) \end{pmatrix} \end{cases} \qquad (5-14)$$

$$\phi(x, c) = \begin{cases} x, & |x| \leqslant c \\ c, & |x| > c \end{cases} \qquad (5-15)$$

则，精度容错估计为

$$\hat{\sigma}_{ic} = \left[\frac{1}{2s+1} \sum_{j=i-s}^{i+s} \phi^2(y(t_i) - \bar{\tilde{y}}(t_i), c) \right]^{\frac{1}{2}} \qquad (5-16)$$

批处理式总量估计算法：

$$\hat{\sigma}_c = \left[\frac{1}{N-p} \sum_{i=1}^{N-p} \phi^2(y(t_i) - \bar{\tilde{y}}(t_i), c) \right]^{\frac{1}{2}} \qquad (5-17)$$

由于容错平滑残差统计法是多次采用中值算法巧妙构成，所以，此方法具有良好的抵抗野值不利影响的能力。构造一种随机误差容错估计算法，在测量数据正常情况下，该算法统计结果接近传统最小二乘算法，保持了算法的统计最优性，克服了差分统计结果偏小的问题；而在测量数据异常情况下，该算法不需对测量数据进行修正，仍然能够准确地统计随机误差。

与传统方法相比，该算法在测量数据正常情况下能够保持算法的最优性，在测量数据中含有异常值时，不需要对数据进行洁化处理，仍然能够准确描述随机误差特性。

5.2 数据拟合优度分析

针对外弹道测量数据质量情况，从新的视角提出用分布偏度与峰度的分析方法描述外弹道测量数据质量情况及其理论内涵。通过对主要承担外弹道测量的雷达测速跟踪测量数据进行分析验证，证明运用该方法可有效、直观地定量及定性地确定数据质量情况。研究表明，此方法可以客观地给出跟踪测量数据的可靠性评价及使用建议，并为后续的弹道最优化连接和数据融合提供参考。

5.2.1 问题的提出

众所周知，参数估计和参数的假设检验，是基于总体分布在一定类型的条件下展开讨论的，而正态分布又是当中最常见、最重要的分布类型。许多统计理论和模型都是在随机变量(或向量)服从一维(或多维)正态分布的假设下建立的，在实际中也经常遇到检验一组数据是否服从正态分布的问题。正态分布是外弹道测量数据质量分析最常使用的理论基础，通常也是统计测量数据随机误差的前提。所以，正态分布的检验在外弹道数据处理中是关键环节。检验一个样本是否服从正态分布的方法有很多，包括 Kolmogorov 检验、χ^2 拟合优度检验、Shapiro – Will 检验，但各有一些局限性，如 Kolmogorov 检验只有当假设的分布完全已知的时候才适用，χ^2 检验犯接受不正确零假设的错误的概率往往较大，Shapiro – Will 检验要求样本容量不大于 50 等。而偏度–峰度法是一种快速、有效的正态检验方法，并且对样本的容量没有严格要求。现有文献中，在其他领域有较多的利用偏度–峰度法对数据进行分析、判断、决策，以及取得的成果，但在外弹道测量数据质量分布的偏度和峰度分析方面极少。因此，本节选用偏度–峰度检验法对外弹道测量数据进行分析，通过偏度和峰度统计量检验样本是否服从先前的假设条件，以期更为客观地反映实测数据情况，并给出飞行目标弹道计算结果的可靠性评价及使用建议，为弹道的最优化连接和数据融合中的权值最优匹配做出决策。

5.2.2　方法介绍

由于外弹道测量系统跟踪飞行器所测量的数据是随时间变化的连续曲线，所以在外弹道数据处理中，最典型的拟合方法就是利用最小二乘拟合残差法求解随机误差，即要求各种跟踪设备测量的数据偏离曲线函数值的误差的平方和最小。通过拟合并求得残差之后，获取测量数据的随机变量，那么，随机变量的三阶中心矩就成为了偏度，随机变量的四阶中心矩就成了峰度。利用偏度和峰度技术，可以对外弹道测量数据的分布形状和特征进行描述。

5.2.2.1　偏度检验

偏度是统计随机变量数据分布偏斜方向和程度的度量，是统计随机变量数据分布非对称的数字特征。由于外弹道测量数据的动态性，定义物理含义为：设 $\{x_t\}$ 是来自总体 x_t 的一个样本（这里的总体样本，要依据具体情况进行选定），其中 i 代表时间序列，则总体 x_i 的偏度为

$$s_t = \frac{n}{(n-1)(n-2)\sigma_t^3} \sum_{t=1}^{n} (x_t - \hat{x}_t)^3 \qquad (5-18)$$

式中：$\hat{x}_t$ 为测量数据经最小二乘拟合后的数据；x_t 为测量数据；$\sigma_t = ((x_t - \hat{x}_t)^2/(n-1))^{\frac{1}{2}}$；$n$ 代表一个滑动窗口的样本。

若 $s_t > 0$，则称 x_t 的分布是正偏，即在概率密度函数右侧的尾部比左侧长，绝

大部分值位于平均值的左侧;若 $s_t < 0$,则称 x_t 的分布是负偏,即在概率密度函数左侧的尾部比右侧长,绝大多数的值位于平均值的右侧;若 $s_t = 0$,则表示数值相对均匀地分布在平均值的两侧。$|s_t|$ 越大,说明分布偏斜得越厉害。

5.2.2.2 峰度检验

峰度是另一个反映随机变量分布形状的量,设 $\{x_t\}$ 是来自总体 x_t 的一个样本(这里的总体样本,要依据具体情况进行选定),其中 i 代表时间序列,则总体 x_i 的峰度为

$$k_t = \frac{n(n+1)}{(n-1)(n-2)(n-3)\sigma_t^4} \sum_{t=1}^{n} (x_i - \hat{x}_t)^4 - 3\frac{(n-1)^2}{(n-2)(n-3)}$$

$$(5-19)$$

对峰度进行分析:正态峰度分布时,$k = 0$,表示好坏数据差距处于一个合适的"度";若 $k < 0$,则说明 x 分布尾部比正态分布的尾部细,表示好数据比较分散,好坏数据差距大。若 $k > 0$,则说明随机变量分布的尾部比正态分布的尾部粗,表示好数据比较集中,好坏数据差距小;若 k 为无穷大时,好坏数据没有差距,曲线变成一条直线。

5.2.2.3 检验方法

对测量数据分析时,需要对偏度和峰度同时进行检验才能保证对数据进行客观评价。即当 $s = 0$ 且 $k = 0$ 时,数据才能满足正态分布。但值得关注的是,数据的偏度和峰度在什么数值范围内才能认为数据分布可作正态近似,这很难给出一般性的答案。所以,在外弹道测量数据进行综合分析时,需要对随机误差数据同时进行偏度和峰度的检验;在确定数据融合的使用跟踪弧段时,需要综合考虑其他跟踪测量设备的数据情况,通过比对分析同跟踪弧段不同设备随机误差数据的偏度和峰度检验结果,确定最优权值的匹配,以期达到逼近实际目标飞行的弹道参数。

5.2.3 实例分析

以某套多测速测量系统跟踪测量数据为例,分析测元数据的偏度与峰度情况,用于对测元数据的质量进行判断。

5.2.3.1 拟合残差分析

图 5-1~图 5-4 为主站、三个副站跟踪测元数据拟合后与原始测量数据的残差数据图。

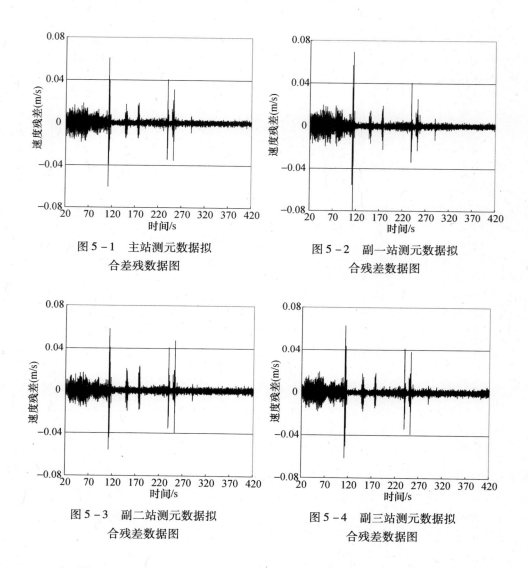

图 5 - 1　主站测元数据拟
合差残数据图

图 5 - 2　副一站测元数据拟
合残差数据图

图 5 - 3　副二站测元数据拟
合残差数据图

图 5 - 4　副三站测元数据拟
合残差数据图

从图 5 - 1 ~ 图 5 - 4 可以直观地看出,某些弧段跟踪测量的数据拟合残差较好。但是,如果定量地确定哪些跟踪测量数据可以满足正态分布的前提假设,并确定是否具有高可信的使用度,还必须进一步进行分析。

5.2.3.2　偏度峰度分析

图 5 - 5 ~ 图 5 - 8 为主站、副一站、副二站及副三站跟踪测元数据随机差相对应的偏度统计数据图。

图 5 - 9 ~ 图 5 - 12 为主站、三个副站跟踪测元数据随机差相对应的峰度统计数据图。

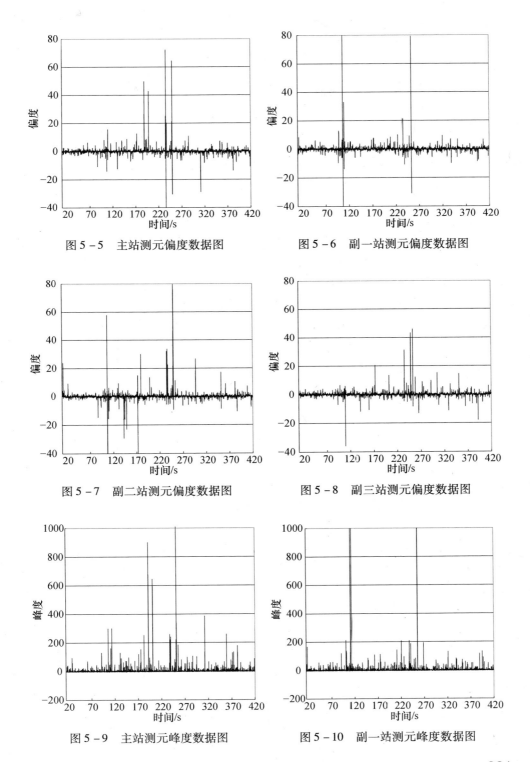

图 5 - 5　主站测元偏度数据图　　　　图 5 - 6　副一站测元偏度数据图

图 5 - 7　副二站测元偏度数据图　　　　图 5 - 8　副三站测元偏度数据图

图 5 - 9　主站测元峰度数据图　　　　图 5 - 10　副一站测元峰度数据图

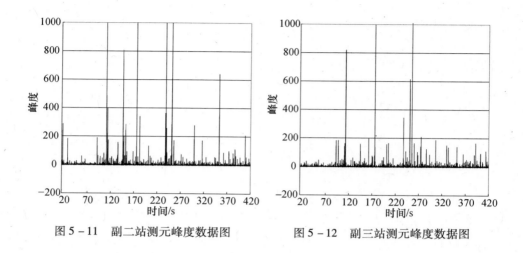

图 5 - 11　副二站测元峰度数据图　　　　图 5 - 12　副三站测元峰度数据图

从以上图中可以看出,主站测元随机差数据的偏度和峰度整体上在 320 ~ 420s 弧段量值适度,其对应弧段的三个副站随机误差的偏度和峰度相对适度,数据处理结果更可信,便于飞行器目标定位精度情况的分析。

5.2.4　结论

通过上述分析可知,当跟踪测量数据的随机误差样本严重左偏、严重右偏、多峰或其他非正态分布,即检验样本不服从先前的假设条件时,会使目标的定位误差很大。只有综合考虑跟踪测量数据的偏度和峰度,才能准确判定数据的可使用跟踪弧段。所以,利用偏度 - 峰度的分析手段,不仅可以判断数据处理的可信区域,也能为获得更准确的定位精度寻求一种合理、科学、有效的手段。

5.3　数据比对分析法

比对分析是分析测量数据质量和判断所采用数据处理方法可靠性的常用方法,在飞行器测控领域有着广泛的应用。合理建立和使用数据比对分析技术,是综合评估测量数据质量、确定数据处理方案、改进数据处理方法、提高数据处理结果精度的有效措施之一。测速测量数据通过与高精度设备跟踪测量情况的比较,可以大幅度地减少数据质量分析的工作量,避免将时间和精力枉费在长弧段的"未知"的异常数据反复分析与试算工作上,而且可有效避免将异常数据纳入多台(套)数据的综合处理,保证数据处理结果的可靠性。

5.3.1 反算比对

5.3.1.1 GPS 与短基线干涉仪数据反算比对

1）比对方法

将 GPS 计算的弹道数据序列 (x,y,z,v_x,v_y,v_z) 反算到各测站坐标系下的距离和（差）变化率数据 $(\dot{S}_{\mathrm{gps}},\dot{P}_{\mathrm{gps}},\dot{Q}_{\mathrm{gps}})$，距离变化率、余弦变化率和方位角、俯仰角数据 $(\dot{R}_{\mathrm{gps}},\dot{L}_{\mathrm{gps}},\dot{M}_{\mathrm{gps}},A_{\mathrm{gps}},E_{\mathrm{gps}})$ 或多普勒频率和（差）数据 $(f_{d1\,\mathrm{gps}},f_{d12\,\mathrm{gps}},f_{d13\,\mathrm{gps}})$，与待诊信息 $(\dot{S},\dot{P},\dot{Q})$、$(\dot{R},\dot{L},\dot{M},A,E)$ 或 (f_{d1},f_{d12},f_{d13}) 进行比对。

设短基线干涉仪的站址坐标为 (x_{i0},y_{i0},z_{i0})，其中 $i=1,2,3,4$，分别对应主发站、主收站、副一站和副二站，具体算法如下：

（1）反算距离和（差）变化率：

$$r_i = \sqrt{(x-x_{i0})^2+(y-y_{i0})^2+(z-z_{i0})^2}, \quad i=1,2,3,4 \qquad (5-20)$$

$$\begin{cases} l_i = \dfrac{x-x_{i0}}{r_i} \\[2mm] m_i = \dfrac{y-y_{i0}}{r_i}, \quad i=1,3,4 \\[2mm] n_i = \dfrac{z-z_{i0}}{r_i} \end{cases} \qquad (5-21)$$

$$\begin{cases} \dot{S}_{\mathrm{gps}} = 2\cdot\dot{R}_{\mathrm{gps}} = 2\cdot(l_1 v_x + m_1 v_y + n_1 v_z) \\[1mm] \dot{P}_{\mathrm{gps}} = (l_1-l_3)v_x + (m_1-m_3)v_y + (n_1-n_3)v_z \\[1mm] \dot{Q}_{\mathrm{gps}} = (l_1-l_4)v_x + (m_1-m_4)v_y + (n_1-n_4)v_z \end{cases} \qquad (5-22)$$

（2）反算距离变化率、余弦变化率、方位角、俯仰角数据：

$$\begin{cases} \dot{R}_{\mathrm{gps}} = l_1 v_x + m_1 v_y + n_1 v_z \\[2mm] \dot{L}_{\mathrm{gps}} = \dfrac{\dot{P}_{\mathrm{gps}}}{D} \\[2mm] \dot{M}_{\mathrm{gps}} = \dfrac{\dot{Q}_{\mathrm{gps}}}{D} \end{cases} \qquad (5-23)$$

式中：D 为基线长度。

$$\begin{cases} A_{\text{gps}} = \begin{cases} \arcsin \dfrac{z}{\sqrt{x^2 + y^2}}, & x > 0 \\[3mm] \pi - \arcsin \dfrac{z}{\sqrt{x^2 + y^2}}, & x \leqslant 0 \end{cases} \\[8mm] E_{\text{gps}} = \arctan \dfrac{y}{\sqrt{x^2 + z^2}} \end{cases} \qquad (5-24)$$

式中：$\begin{pmatrix} x \\ y \\ z \end{pmatrix} = \boldsymbol{B} \cdot \begin{pmatrix} x - x_{i0} \\ y - y_{i0} \\ z - z_{i0} \end{pmatrix}$，$\boldsymbol{B}$ 为发射坐标系与测站坐标系间的旋转矩阵。

（3）反算多普勒频率：

$$\begin{cases} f_{d1\,\text{gps}} = -\dfrac{2\dot{S}_{\text{gps}}}{\lambda_{\text{d}}} \\[5mm] f_{d12\text{gps}} = \dfrac{\dot{P}_{\text{gps}}}{\lambda_{\text{d}}} \\[5mm] f_{d13\,\text{gps}} = \dfrac{\dot{Q}_{\text{gps}}}{\lambda_{\text{d}}} \end{cases} \qquad (5-25)$$

（4）数据比对处理：

$$\begin{cases} \Delta\dot{S} = \dot{S} - \dot{S}_{\text{gps}} \\[3mm] \Delta\dot{P} = \dot{P} - \dot{P}_{\text{gps}} \\[3mm] \Delta\dot{Q} = \dot{Q} - \dot{Q}_{\text{gps}} \end{cases} \qquad (5-26)$$

$$\begin{cases} \Delta\dot{R} = \dot{R} - \dot{R}_{\text{gps}} \\[3mm] \Delta\dot{L} = \dot{L} - \dot{L}_{\text{gps}} \\[3mm] \Delta\dot{M} = \dot{M} - \dot{M}_{\text{gps}} \\[3mm] \Delta A = A - A_{\text{gps}} \\[3mm] \Delta E = E - E_{\text{gps}} \end{cases} \qquad (5-27)$$

$$\begin{cases} \Delta f_{d1} = f_{d1} - f_{d1\,\mathrm{gps}} \\ \Delta f_{d12} = f_{d12} - f_{d12\mathrm{gps}} \\ \Delta f_{d13} = f_{d13} - f_{d13\,\mathrm{gps}} \end{cases} \qquad (5-28)$$

式中:$\lambda_d = c/f_d$;f_d 为下行工作频率;c 为光速。

2) 实例分析

图 5 – 13 为 GPS 反算结果与短基线干涉仪多普勒频率(差)比对图。图 5 – 14 为 GPS 反算结果与短基线干涉仪距离(差)变化率比对图。图 5 – 15 为 GPS 反算结果与短基线干涉仪测量元素比对图。

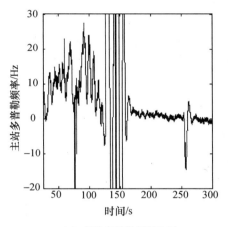

(a) 主站多普勒频率比对　　　　　　(b) 主站与副一站多普勒频率差比对

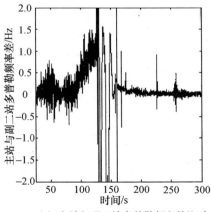

(c) 主站与副二站多普勒频率差比对

图 5 – 13　GPS 反算结果与短基线干涉仪多普勒频率(差)比对图

从图 5 – 13 中可以看出, 主站多普勒频率在 150s 前后数据较差; 主站与副一站多普勒频率差在 130s 和 145s 时的数据较差; 主站与副二站多普勒频率差在 150s 前后数据较差。

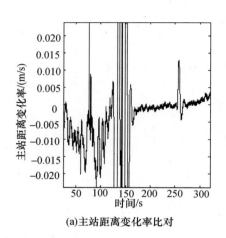

(a)主站距离变化率比对

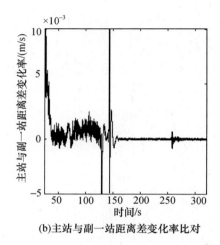

(b)主站与副一站距离差变化率比对

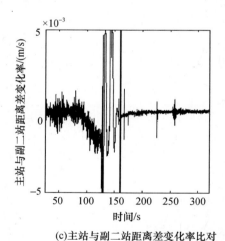

(c)主站与副二站距离差变化率比对

图 5 – 14　GPS 反算结果与短基线干涉仪
距离(差)变化率比对图

从图 5 – 14 中可以看出, GPS 反算结果与短基线干涉仪距离(差)变化率比对效果的数据质量情况与图 5 – 13 相当。

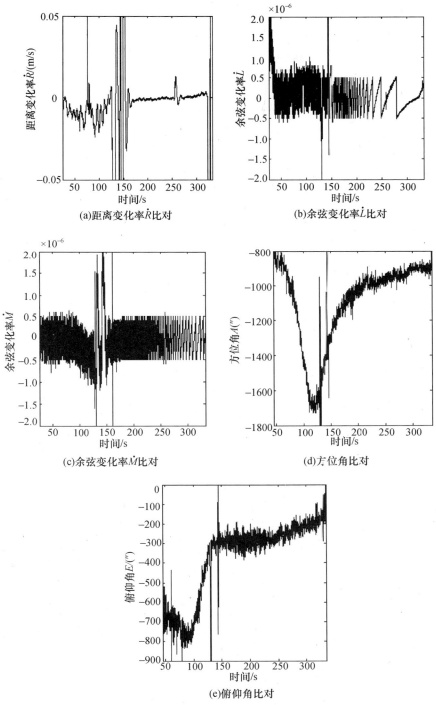

图 5-15　GPS 反算结果与短基线干涉仪测量元素比对图

从图 5-15 中可以看出,距离变化率、方向余弦变化率除特征点外,数据基本上与 GPS 弹道参数反算结果相当,而方位角、俯仰角与 GPS 反算比对差较大,可以基本确定距离变化率、方向余弦变化率较测角数据质量良好。

5.3.1.2 GPS 与多测速系统数据反算比对

在航天测控网主动段的高精度多测速系统测量数据分析与处理过程中,通常利用标称弹道或 GPS 弹道反解到测元数据,与真实测元数据作差,用来判断数据跟踪质量情况或对系统误差残差进行分离。

1) 反算计算

设 $(x, y, z, \dot{x}, \dot{y}, \dot{z})$ 为标称弹道或 GPS 弹道参数,则反算到多测速测元数据为

$$\begin{cases} \dot{s}_1 = \dot{r}_0 + \dot{r}_1 \\ \dot{s}_2 = \dot{r}_0 + \dot{r}_2 \\ \vdots \\ \dot{s}_i = \dot{r}_0 + \dot{r}_i \quad , i = 1, 2, \cdots, n \end{cases} \tag{5-29}$$

式中: $\dot{r}_i = \dfrac{\dot{x}(x - x_i) + \dot{y}(y - y_i) + \dot{z}(z - z_i)}{r_i}$; $r_i = \sqrt{(x - x_i)^2 + (y - y_i)^2 + (z - z_i)^2}$; (x_i, y_i, z_i) 为第 i 测站的站址坐标, $i = 0, 1, 2, \cdots, n$。

2) 比对结果

设跟踪测元实际数据为 $\dot{s}'_1, \dot{s}'_2, \cdots, \dot{s}'_i (i = 1, 2, \cdots, n)$,则可形成比对结果:

$$\boldsymbol{\Delta} = \begin{bmatrix} \Delta \dot{\boldsymbol{S}}_1 \\ \Delta \dot{\boldsymbol{S}}_2 \\ \vdots \\ \Delta \dot{\boldsymbol{S}}_i \end{bmatrix} = \begin{bmatrix} \dot{S}_1 - \dot{S}'_1 \\ \dot{S}_2 - \dot{S}'_2 \\ \vdots \\ \dot{S}_i - \dot{S}'_i \end{bmatrix} \tag{5-30}$$

以某次测量数据为例,针对一主三副的测元数据与 GPS 弹道数据进行反算比对分析。图 5-16~图 5-19 为测元与 GPS 弹道数据反算的比对分析数据图。

从图 5-16~图 5-19 中可以看出,除特征点外(大值处),四个测元数据基本上与 GPS 弹道参数反算结果相当,可以基本确定其数据质量良好。

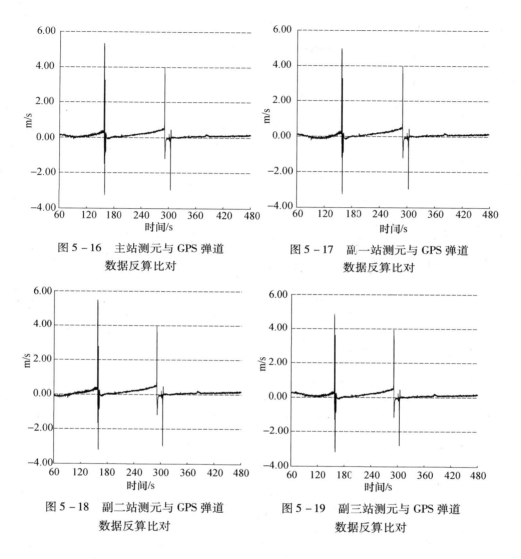

图 5 - 16　主站测元与 GPS 弹道
数据反算比对

图 5 - 17　副一站测元与 GPS 弹道
数据反算比对

图 5 - 18　副二站测元与 GPS 弹道
数据反算比对

图 5 - 19　副三站测元与 GPS 弹道
数据反算比对

5.3.2　结果比对

结果比对是为数据分析与决策处理服务的,不同源数据之间的比对能够找出比对误差源中可能出现的诸如长弧段的含趋势性变化分量,是直接影响到外弹道参数确定及数据处理对策的重要因素。

比对结果的趋势变化诊断,对比对结果生成的数据序列$(\Delta x_i, \Delta y_i, \Delta z_i)$和$(\Delta R_i, \Delta A_i, \Delta E_i)$进行分析,以期准确判定各数据列是否存在随时间变化的趋势。为此,构造两个检验指标函数,即归一化的逆序数和归一化的游程数。

5.3.2.1 归一化的逆序数统计

$$\mu_{\xi} = A_{\xi} + \frac{1}{2} - E(A_{\xi}) \Big/ \sqrt{V_{ar}(A_{\xi})}, \quad \xi = \Delta x, \Delta y, \Delta z, \Delta R, \Delta A, \Delta E \quad (5-31)$$

式中：$A_{\xi} = \sum_{i=1}^{n-1} A_{\xi_i}$ 为逆序总数，这里 $A_{\xi_i} = \sum_{j=i+1}^{n} \Phi(\xi_j - \xi_i)$ 为数据列相对于 ξ_i 的

逆序数；$E(A_{\xi}) = \frac{1}{4} n(n-1)$ 为逆序总数的母体均值；$V_{ar}(A_{\xi}) = \frac{m}{72}(2m^2 + 3m -$

5) 为逆序总数的母体方差；$\Phi(\xi_j - \xi_i) = \begin{cases} 1, \xi_j > \xi_i \\ 0, \xi_j \le \xi_i \end{cases}$ 为 ξ_i 的逆序数统计计数函数。

可以证明，当数据列 $\{\xi_i\}$ 中不含趋势性变化，且 n 充分大时，函数 μ_{ξ} 渐近服从标准正态分布 $N(0,1)$。因此，对于差值序列 $(\Delta x_i, \Delta y_i, \Delta z_i)$ 或 $(\Delta R_i, \Delta A_i, \Delta E_i)$，可以计算出任一列的归一化逆序数 $\mu_{\xi}(\xi = \Delta x, \Delta y, \Delta z, \Delta R, \Delta A, \Delta E)$，并且当 $|\mu_{\xi}| \le 2$ 时，可以认为该序列无明显的随时间变化趋势；当 $\mu_{\xi} < -2.0$ 时，可以有 95% 的概率认为该序列存在随时间下降的趋势；当 $\mu_{\xi} > 2.0$ 时，可以有 95% 的概率认为该序列存在随时间增大的趋势。

5.3.2.2 归一化的游程数统计

$$v_{\xi} = \frac{r_{\xi} - E(r_{\xi})}{V_{ar}(r_{\xi})}, \xi = \Delta x, \Delta y, \Delta z, \Delta R, \Delta A, \Delta E \quad (5-32)$$

式中：r_{ξ} 为中心化数据列 $\left\{\xi_i - \frac{1}{n}\sum_{j=1}^{n}\xi_j\right\}$ 的正负号改变次数，常称数据列的游程

数；$E(r_{\xi}) = \frac{2n_1 n_2}{n}$ 为游程总数母体分布的总体均值；$V_{ar}(r_{\xi}) =$

$\left[\frac{2n_1 n_2(2n_1 n_2 - n)}{(n_1 - n_2)^2(n-1)}\right]^{\frac{1}{2}}$ 为游程总数母体分布的方差，这里 n_1 为中心化数据序列

中 "+" 号出现的总数（含零），n_2 为中心化数据序列中 "–" 号出现的总数。

可以证明，当 n 充分大时，v_{ξ} 的分布可用标准正态分布 $N(0,1)$ 来近似。因此，当计算值 $|v_{\xi}| > 2.0$ 时，即可以有 95% 的概率认为该序列 $\{\xi_i\}$ 存在随时间变化的趋势。

对 3 次短基线干涉仪系统的测量数据一级飞行段、二级飞行段进行平稳性检验和统计计算。具体情况如表 5-1 和表 5-2 所列。

由于游程统计量 $V_{\xi}(\xi = \Delta \dot{R}, \Delta \dot{L}, \Delta \dot{M}, \Delta A, \Delta E)$ 渐近服从标准正态分布，由表 5-1、表 5-2 中的统计量 V_{ξ} 可以看出，设备跟踪测量数据的差值序列呈现不规则的变化特性，距离变化率 $\dot{R}$、方位角 A 存在明显的时变趋势，具体见图 5-15。

表 5-1　某一子级飞行段差值序列的平稳性检验统计表

短基线干涉仪	测量 1 统计量 V_ξ	测量 2 统计量 V_ξ	测量 3 统计量 V_ξ
距离变化率 $\dot{R}$	-2.3089	-4.5568	-1.9997
余弦变化率 $\dot{L}$	-0.2412	-1.2720	-0.7099
余弦变化率 $\dot{M}$	0.2231	-0.1430	0.2178
方位角 A	-31.0175	-10.4592	-31.6508
俯仰角 E	-0.7014	-3.5168	-4.4532

表 5-2　某二子级飞行段差值序列的平稳性检验统计表

短基线干涉仪	测量 1 统计量 V_ξ	测量 2 统计量 V_ξ	测量 3 统计量 V_ξ
距离变化率 $\dot{R}$	-1.8338	-3.7940	-2.6987
余弦变化率 $\dot{L}$	-2.0550	-2.3596	-1.9598
余弦变化率 $\dot{M}$	-1.8692	-0.1001	-1.4980
方位角 A	-5.8377	-5.5453	-7.0887
俯仰角 E	-0.4460	-1.6889	-0.9278

5.3.3　趋势项分析

若统计检验出比对差序列中含有随时间变化的趋势,则需要确定变化趋势的性质及变化规律。通常,随时间变化的趋势项可用低阶代数多项式一致逼近。如果能确定出该代数多项式的各项系数最优估计值,即可实现趋势项的分离与分析工作。

5.3.3.1　分析方法

构造如下算法:

$$\begin{pmatrix} \hat{\boldsymbol{\alpha}}_0 \\ \vdots \\ \hat{\boldsymbol{\alpha}}_p \end{pmatrix} = (\boldsymbol{\Phi}^\tau \boldsymbol{\Phi})^{-1} \boldsymbol{\Phi}^\tau \begin{pmatrix} \xi_1 \\ \vdots \\ \xi_n \end{pmatrix}, \xi = \Delta\dot{R}, \Delta\dot{L}, \Delta\dot{M}, \Delta A, \Delta E \qquad (5-33)$$

式中: $\boldsymbol{\Phi} = \begin{bmatrix} 1 & t_1 & \cdots & t_1^p \\ \vdots & \vdots & & \vdots \\ 1 & t_n & \cdots & t_n^p \end{bmatrix}$; p 为适当选定的正整数。

则趋势项的变化可用拟合曲线来刻划:

$$\xi_i = \hat{\alpha}_0 + \hat{\alpha}_1 t_i + \cdots + \hat{\alpha}_p t_i^p \qquad (5-34)$$

5.3.3.2　实例分析

1）以短基线干涉仪为例

图 5-20 为干涉仪测元数据的趋势项分离效果图。趋势项分离后的误差曲线在零值上下摆动,达到分离趋势项的目的。建立的非平稳时变误差分离算法,确定了比对差序列变化趋势的性质及变化规律,实现了时变误差趋势项的分析与分离,提高了数据处理精度。

2）以高精度多测速为例

以某次测量数据为例,针对一主三副的测元数据与 GNSS 弹道数据进行反算比对分析,试图从分析中,确定趋势项存在与否,以及存在的价值。图 5-21 ~图 5-24 为测元与 GNSS 弹道数据反算的比对分析数据图。

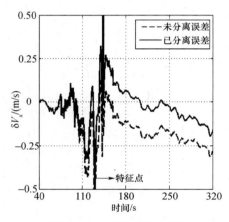

图 5-20　趋势项分离效果

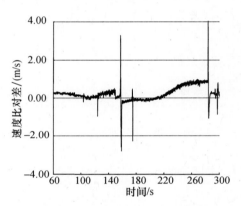

图 5-21　主站测元与 GNSS 弹道
数据反算比对

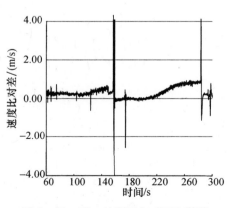

图 5-22　副一站测元与 GNSS 弹道
数据反算比对

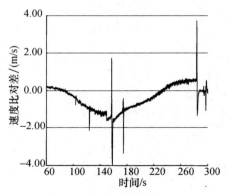

图 5-23　副二站测元与 GNSS 弹道
数据反算比对

102

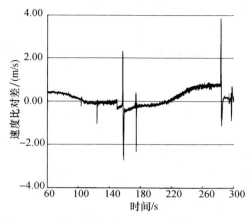

图 5 - 24　副三站测元与 GNSS 弹道数据反算比对

从图 5 - 21 ~ 图 5 - 24 中可以看出,副二站的测元明显存在趋势项,与其他三幅图比较,可以说明此趋势项是没有价值的趋势项,应在数据处理过程中进行预处理。

参考文献

[1] 胡绍林,许爱华,郭小红.脉冲雷达跟踪测量数据处理技术[M].北京:国防工业出版社,2007.

[2] 崔书华,胡绍林,柴敏.光学跟踪测量数据处理[M].北京:国防工业出版社,2014.

[3] 崔书华,李果,刘军虎,等.基于偏度与峰度的测量数据评价与分析[J].弹箭与制导学报,2015,35(6):98 - 100,105.

[4] 王学民.偏度和峰度概念的认识误区[J].统计与决策,2008,264(12):145 - 146.

[5] 王学民.关于样本均值的抽样分布是否作正态近似的探讨统计研究 [J].2005(7):75 - 77.

[6] 费业泰.误差理论与数据处理[M].5 版.北京:机械工业出版社,2014.

[7] 赵树强.箭载 GNSS 测量数据处理[M].北京:国防工业出版社,2015.

[8] 李小勇,张忠华,杨磊.航天器海上测量数据的误差辨识与统计分析[M].北京:国防工业出版社,2013.

[9] 刘利生.外弹道测量数据处理[M].北京:国防工业出版社,2002.

[10] 张守信.外弹道测量与卫星轨道测量基础[M].北京:国防工业出版社,1999.

[11] 何友,修建娟,张晶炜,等.雷达数据处理及应用[M].北京:电子工业出版社,2009.

[12] 王中宇,刘智敏,夏新涛,等.测量误差与不确定度评定[M].北京:科学出版社,2008.

[13] 沙钰.弹道导弹精度分析概论[M].长沙:国防科技大学出版社,1995.

[14] 刘丙申,刘春魁,杜海涛.靶场外测设备精度鉴定[M].北京:国防工业出版社,2008.

[15] 罗海银.导弹航天测控通信技术词典[M].北京:国防工业出版社,2001.

[16] Hu Shaolin, Karl Meinke, Huang Liusheng. Fault - Tolerant Fitting and Online Diagnosis of Faults in SISO Process[C]. Beijing:Proc of the 6th Symposium on Fault Detection,Supervision and Safety of Technical Process,2006.

第6章
短基线干涉仪测量数据弹道确定

目前,短基线干涉仪系统属我国中精度测量带支柱设备,其测速精度较高。为了提供高精度的弹道参数,为型号部门分离制导精度提供依据,必须采用较成熟、先进的方法对其数据加以处理。本章主要针对短基线干涉仪测量数据,介绍两套短基线干涉仪系统联测、单套干涉仪自定位以及短基线干涉仪测角数据处理技术。

6.1 联测数据处理

短基线干涉仪系统由1个主站、2个副站组成,为"L"型干涉仪。鉴于短基线干涉仪系统没有冗余设备,如果遇到某个副站设备工作异常的情况,将无法独立完成测量任务。因此考虑采用两套干涉仪系统实现联测,一套进行主动式跟踪测量,另外一套采用被动式跟踪测量,这样,可以最大限度地利用所有测量数据,为提高数据综合处理能力、完成弹道连接与弹道确定提供更加丰富的原始信息,是一种现实可行的解决方案。本节主要介绍此种方案的数据处理方法及应用效果分析。

6.1.1 处理方法

同时使用两套短基线干涉仪系统对飞行目标进行联测时,通常只选用3个测站参加。由于短基线干涉仪系统主、副站与另一干涉仪系统主、副站之间距离遥远,远远大于各自系统内部主站到副站间的基线长度,所以,在进行联测时,以主站为联测主站,再从两套系统中分别任意选择1个副站作为联测副站,构成联测系统。联测布站示意图参见图6-1,其中之一的两基线夹角约为94.5°。

图6-1 联测布站示意图

6.1.1.1 距离变化率测量

设空间运动目标上的信源(信标机或应答机)振荡频率为 f_T,如果目标相对地面接收站径向运动的速度为 $\dot{R}$,则地面接收站收到的频率 f_R 为

$$f_R = f_T(1 - \dot{R}/c) = f_T + f_d \qquad (6-1)$$

式中: $f_d = -f_T \cdot \dot{R}/c$ 为多普勒频率; c 为光速。

由上式可知,只要测得 f_d,目标与地面接收站之间的相对径向运动速度 $\dot{R}$ 即可求出。

从原理上来说,空间运动目标上装一个信源 f_T,就可测得 f_R,进而得到相对径向运动速度 $\dot{R}$。但当测量要求精度很高时,由于空间目标和地面系统之间频率不相关,这种简单的方法很难达到要求,必须采用双向多普勒系统。

双向多普勒测速由地面站发射信号经目标转发,再由地面站接收。地面站发射频率为 f_1,则根据多普勒效应可得目标应答机接收频率为

$$f_2 = f_1(1 - \dot{R}/c) \qquad (6-2)$$

由于 $\dot{R}/c$ 的值很小,所以应答机接收频率 f_2 和地面站发射频率 f_1 相差很小。为防止应答机本身以及地面站的收发干扰,应答机采用第三个频率 f_3 转发:

$$f_3 = \rho \cdot f_2 \qquad (6-3)$$

式中: ρ 为应答机转发比。此时,地面站接收到的频率为 f_4:

$$\begin{aligned} f_4 &= f_3(1 - \dot{R}/c) = \rho \cdot f_1(1 - \dot{R}/c)^2 \approx \rho \cdot f_1(1 - 2\dot{R}/c) \\ &= \rho \cdot f_1 + f_d \end{aligned} \qquad (6-4)$$

由此可得双向多普勒频率为

$$f_d = \rho \cdot f_1 [(\dot{R}/c)^2 - 2\dot{R}/c] \approx -2\rho \cdot f_1 \cdot \dot{R}/c \qquad (6-5)$$

在工程实际中, $\dot{R}/c$ 的数值很小,如忽略其二次项,就可以求出目标与地面站之间的相对径向运动速度:

$$\dot{R} \approx -\frac{f_d \cdot c}{2\rho \cdot f_1} \qquad (6-6)$$

6.1.1.2 方向余弦变化率测量

采用不等长基线构成干涉仪联测系统,其布站情况如图 6-2 所示。短基线干涉仪系统主站为 L,副站为 M、N,另一系统主站为 S,副站为 P、Q,联测系统主

站为 L,副站为 M,P,飞行目标为 T。设联测系统基线长度分别为 $D_1 = LM$、$D_2 = LP$,空中目标 T 到各站的距离为 $R_0 = TL$、$R_1 = TM$、$R_2 = TP$、$R_3 = TS$,则可以求得各测站之间的相对多普勒频率差及目标相对各测站的径向运动速度。

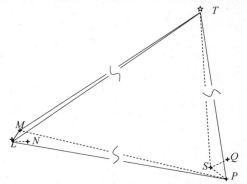

图 6 - 2   干涉仪联测系统布站结构图

已知地面主站 L 发射信号的频率为 f_0,接收信号为 f_L。若目标 T 相对测站 L、M、P、S 的径向速度分别为 $\dot{L}$、$\dot{M}$、$\dot{P}$、$\dot{S}$,根据测量得到的双向多普勒频率 f_d,则有如下结论:

$$f_{dL} = -\frac{2\dot{L}}{\lambda} \qquad (6-7)$$

$$f_{dM} = -\frac{\dot{L} + \dot{M}}{\lambda} \qquad (6-8)$$

$$f_{dP} = -\frac{\dot{L} + \dot{S} + \dot{P}}{\lambda} \qquad (6-9)$$

$$f_{dML} = f_{dM} - f_{dL} = \frac{\dot{L} - \dot{M}}{\lambda} \qquad (6-10)$$

$$f_{dPL} = f_{dP} - f_{dL} = \frac{\dot{L} - \dot{S} - \dot{P}}{\lambda} \qquad (6-11)$$

通过以上关系式,可以计算得到多普勒频率差 f_{dML}、f_{dPL},再通过测得的基线长度,可以进一步求解飞行目标的方向余弦,从而得到目标在三维空间中各方向的分速度。

6.1.2 应用效果

为检验联测方法的实际应用效果,可选用试验任务中同一时间段不同设备的测量数据,分别进行独立计算,再将计算结果与联测结果进行比对分析,具体情况如下所述。

短基线干涉仪 A 跟踪时间段为 21.875～555.750s。其中在 120.750～122.750s 主站、副一站、副二站目标丢失；副一站数据在整个跟踪段落内小幅度波动；副二站数据在 195.400～200.500s、315.400～317.500s 波动。

短基线干涉仪 B 的跟踪时间段是 53.350～483.800s。其中 120.750～122.750s 主站、副一站、副二站目标丢失；131.100～140.025s、195.000～198.500s 副一站、副二站数据波动。

1）联测数据与短基线干涉仪 A 比对

图 6-3～图 6-10 为参数比对图，虚线为联测计算的结果数据，实线为短基线干涉仪 A 计算结果数据。

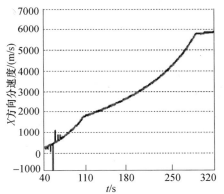

图 6-3　联测数据与短基线干涉仪 A
解算的 X 方向分速度比对曲线

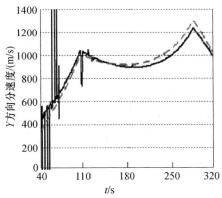

图 6-4　联测数据与短基线干涉仪 A
解算的 Y 方向分速度比对曲线

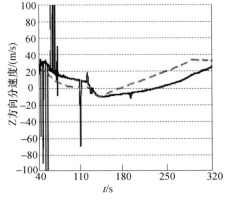

图 6-5　联测数据与短基线干涉仪 A
解算的 Z 方向分速度比对曲线

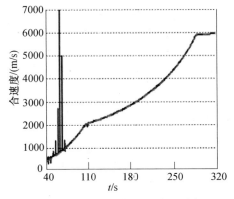

图 6-6　联测数据与短基线干涉仪 A
解算的合速度比对曲线

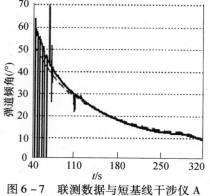

图 6-7 联测数据与短基线干涉仪 A
解算的弹道倾角比对曲线

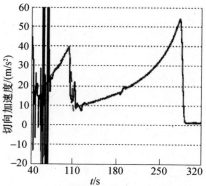

图 6-8 联测数据与短基线干涉仪 A
解算的切向加速度比对曲线

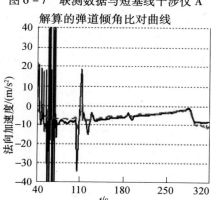

图 6-9 联测数据与短基线干涉仪 A
解算的法向加速度比对曲线

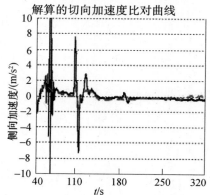

图 6-10 联测数据与短基线干涉仪 A
解算的侧向加速度比对曲线

2）联测数据与短基线干涉仪 B 比对

图 6-11 ~ 图 6-18 为联测数据与短基线干涉仪 B 数据比对图,虚线为联测计算的结果数据,实线为短基线干涉仪 B 计算结果数据。

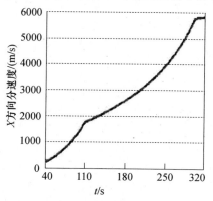

图 6-11 联测数据与短基线干涉仪 B
解算的 X 方向分速度比对曲线

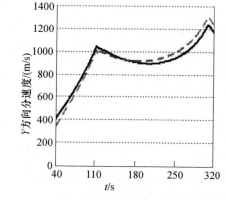

图 6-12 联测数据与短基线干涉仪 B
解算的 Y 方向分速度比对曲线

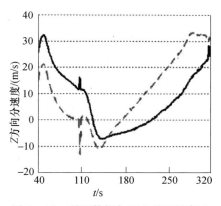

图 6 - 13　联测数据与短基线干涉仪 B
解算的 Z 方向分速度比对曲线

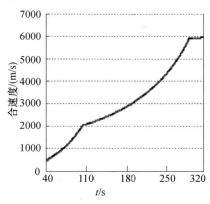

图 6 - 14　联测数据与短基线干涉仪 B
解算的合速度比对曲线

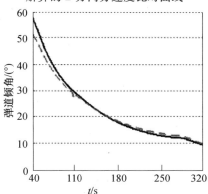

图 6 - 15　联测数据与短基线干涉仪 B
解算的弹道倾角比对曲线

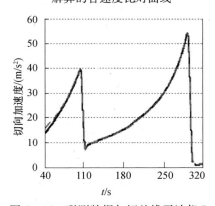

图 6 - 16　联测数据与短基线干涉仪 B
解算的切向加速度比对曲线

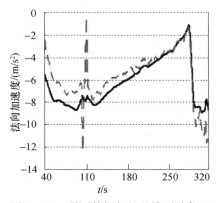

图 6 - 17　联测数据与短基线干涉仪 B
解算的法向加速度比对曲线

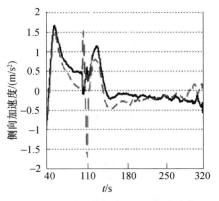

图 6 - 18　联测数据与短基线干涉仪 B
解算的侧向加速度比对曲线

3）联测数据与雷达数据比对

图 6-19～图 6-26 为联测数据与雷达数据比对图,虚线为联测计算的结果数据,实线为雷达计算结果数据。

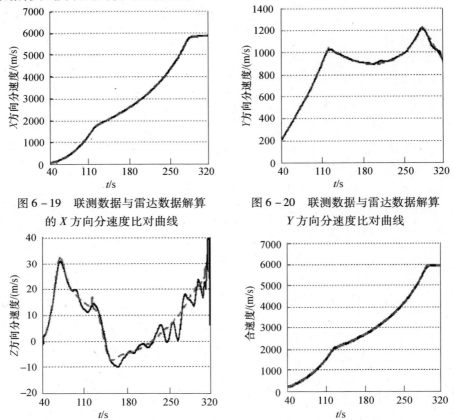

图 6-19　联测数据与雷达数据解算
的 X 方向分速度比对曲线

图 6-20　联测数据与雷达数据解算
Y 方向分速度比对曲线

图 6-21　联测数据与雷达数据解算
的 Z 方向分速度比对曲线

图 6-22　联测数据与雷达数据解算
的合速度比对曲线

从图 6-3、图 6-11、图 6-19 的曲线分析可知:X 方向分速度在 160s 前,联测计算结果数据大于短基线干涉仪 A、短基线干涉仪 B 和雷达的计算结果,在 160s 后,联测计算结果数据小于短基线干涉仪 A、短基线干涉仪 B 和雷达的计算结果,但总体上趋势是一致的。

从图 6-4、图 6-12、图 6-20 的曲线分析可知:Y 方向分速度在 160s 前,联测计算结果数据小于短基线干涉仪 A、短基线干涉仪 B 和雷达的计算结果,在 160s 后,联测计算结果数据大于短基线干涉仪 A、短基线干涉仪 B 和雷达的计算结果,总体趋势上是一致的,但明显存在偏差。

从图 6-5、图 6-13、图 6-21 的曲线分析可知:Z 方向分速度在 160s 后,联测计算结果数据大于短基线干涉仪 A、短基线干涉仪 B 和雷达的计算结果,存在

20m 左右偏差。

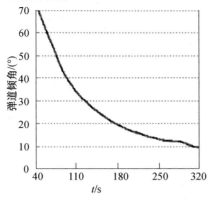

图 6－23　联测数据与雷达数据解算
的弹道倾角比对曲线

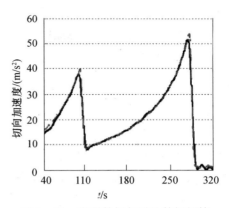

图 6－24　联测数据与雷达数据解算
的切向加速度比对曲线

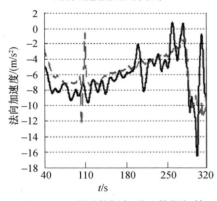

图 6－25　联测数据与雷达数据解算
的法向加速度比对曲线

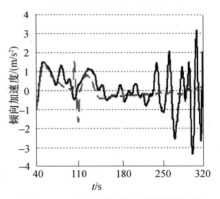

图 6－26　联测数据与雷达数据解算
的侧向加速度比对曲线

从上述图 6－6～图 6－8、图 6－14～图 6－16,以及图 6－22～图 6－24 中可明显发现:合速度、弹道倾角和切向加速度曲线基本重合,轨迹趋势一致。

从图 6－9、图 6－17、图 6－25 的曲线分析可知:法向加速度联测计算结果明显优于短基线干涉仪 A 和雷达的计算结果,差于短基线干涉仪 B 的计算结果。

从图 6－10、图 6－18、图 6－26 的曲线分析可知:侧向加速度联测计算结果明显优于短基线干涉仪 A 和雷达的计算结果,差于短基线干涉仪 B 的计算结果。

6.1.3　结论

综上所述,联测计算方法是可行的。联测效果优于雷达测量结果,但不如任何单套干涉仪独立测量的结果。联测曲线与短基线干涉仪 A、短基线干涉仪 B

的曲线相比波动较大,且存在明显偏移。因此,联测效果不如单台计算结果。原因初步分析为:一是联测系统布站不合理,见图 6 - 1,基线长短不一,严重不对称;二是副站 P 与主站 L 之间频率偏移大,误差传递明显;三是气象参数不一致,折光修正误差较大。

6.2 短基线干涉仪自定位技术

由于用短基线干涉仪的测量数据解算飞行器弹道参数时,需要其他雷达提供目标的定位参数,这使得由短基线干涉仪测量信息解算目标速度等参数时,其精度直接受到其他雷达设备定位精度的影响,限制了短基线干涉仪高精度测速这一优点的充分发挥。

本节自定位技术研究的主要目的,是希望充分利用短基线干涉仪设备高精度的测量数据,实现飞行器弹道参数的自定位,完成定位 - 测速一体化处理,并为单台(套)设备定位、测速开辟一条新的处理途径。

短基线干涉仪测量元素为主站距离变化率($\dot{R}$)和方向余弦变化率($\dot{l}$、$\dot{m}$),可以转换为主、副站距离差变化率($\dot{P}$、$\dot{Q}$),与相应时刻目标的坐标(x、y、z)联合,求解目标的速度、分速度和加速度参数。

6.2.1 处理方法

本节的基本思想是采用短基线干涉仪的测量元素 $\dot{R}$、$\dot{l}$、$\dot{m}$,通过适当的数据处理手段求解目标坐标,进而计算它的速度和其他参数。

设在 T 时刻目标坐标为 x、y、z,主、副站站址坐标为 x_i、y_i、z_i,$i = R,P,Q$,均为发射坐标系下的坐标,则目标到测站的距离:

$$\sqrt{(x - x_i)^2 + (y - y_i)^2 + (z - z_i)^2} = S_i, i = R,P,Q$$

如果用 $\dot{R}$、$\dot{P}$、$\dot{Q}$ 求解出 S_R、S_P、S_Q,则可以计算出目标的坐标 x、y、z。

已知条件为:站址坐标 x_i、y_i、z_i,$i = R,P,Q$;测量数据 $\dot{R}$、$\dot{P}$、$\dot{Q}$;采样间隔为 25ms。设 T_0 为数据段起始时间,$T = T_0 - 25\text{ms}$,则不难导出 T 时刻目标到测站的距离为

$$S_{iT} = \sqrt{(x_T - x_i)^2 + (y_T - y_i)^2 + (z_T - z_i)^2}, i = R,P,Q \qquad (6 - 12)$$

记 $\dot{R}$ 为主站距离变化率,也就是 25ms 间隔的目标到主站距离差,即

$$\dot{R}_{T_0} = S_{RT_0} - S_{RT} \qquad\qquad (6-13)$$

式中:$\dot{R}_{T_0}$ 为 T_0 时刻测量数据;S_{RT_0} 为 T_0 时刻目标到主站距离;S_{RT} 为 $T_0 -$
25ms 时刻(前一个采样点)目标到主站距离。

可以看出,只要提供 $T_0 - 25$ms 时刻的目标坐标,则可以解出 T_0 时刻的目标
到主站距离:

$$S_{RT_0} = S_{RT} + \dot{R}_{T_0} \qquad\qquad (6-14)$$

T_0 时刻的目标到副一站距离差:

$$\dot{P}_{T_0} = (S_{RT_0} - S_{PT_0}) - (S_{RT} - S_{PT})$$

则

$$S_{PT_0} = S_{RT_0} - S_{RT} + S_{PT} - \dot{P}_{T_0}$$

式中:$\dot{P}_{T_0}$ 为 T_0 时刻测量数据;S_{PT} 为 $T_0 - 25$ms 时刻(前一个采样点)目标到副一
站距离;S_{PT_0} 为 T_0 时刻目标到副一站距离。

T_0 时刻的目标到副二站距离差:

$$\dot{Q}_{T_0} = (S_{RT_0} - S_{QT_0}) - (S_{RT} - S_{QT})$$

则

$$S_{QT_0} = S_{RT_0} - S_{RT} + S_{QT} - \dot{Q}_{T_0}$$

式中:$\dot{Q}_{T_0}$ 为 T_0 时刻测量数据;S_{QT} 为 $T_0 - 25$ms 时刻(前一个采样点)目标到副二
站距离;S_{QT_0} 为 T_0 时刻目标到副二站距离。

同理,通过数据积累处理,可由单脉冲雷达提供短基线干涉仪系统测量段中
任一点 T 时刻的目标坐标(x_0, y_0, z_0)作为初值,可以反解出整个短基线干涉仪
系统测量弧段内的每一采样时刻的目标到主、副站距离(S_R, S_P, S_Q)。

如果记坐标初值所对应的短基线干涉仪数据点序为 Ic,数据采样时间间隔
为 h,对任意采样时刻 T 有

(1)正向积累:

$$S_{R_j} = S_R + \sum_{k=Ic+1}^{j} \dot{R}_k \ ,j = Ic + 1, \cdots, N$$

$$S_{i_j} = S_{R_j} - S_R + S_i - \sum_{k=Ic+1}^{j} \dot{I}_k , j = Ic + 1, \cdots, N, i = P, Q, \dot{I} = \dot{P}, \dot{Q}$$

(2)反向积累:

$$S_{R_j} = S_R - \sum_{k=j+1}^{Ic} \dot{R}_k \ ,j = 1, \cdots, Ic - 1$$

$$S_{i_j} = S_{R_j} - S_R + S_i + \sum_{k=j+1}^{Ic} \dot{I}_k \ , j = 1, \cdots, Ic - 1, i = P, Q, \ \dot{I} = \dot{P}, \dot{Q}$$

利用 S_R、S_P、S_Q 单点定位,可以解算出目标的坐标,具体算法为

$$\begin{cases} x = d_{11} + d_{12}z \\ y = d_{21} + d_{22}z \\ z = \dfrac{-b \pm \sqrt{b^2 - 4ac}}{2a} \end{cases}$$

式中:

$$\begin{cases} a = 1 + d_{12}^2 + d_{22}^2 \\ b = 2d_{11}d_{12} + 2d_{21}d_{22} - 2d_{12}x_R - 2d_{22}y_R - 2z_R \\ c = d_{11}^2 + d_{21}^2 - 2d_{11}x_R - 2d_{21}y_R - D_R \end{cases}$$

$$D_i = S_i^2 - (x_i^2 + y_i^2 + z_i^2) \ , i = R, P, Q$$

$$\begin{cases} d_{11} = \dfrac{(D_R - D_P)(y_Q - y_R) - (D_R - D_Q)(y_p - y_R)}{FM} \\[2mm] d_{12} = \dfrac{2[(z_Q - z_R)(y_P - y_R) - (z_P - z_R)(y_Q - y_R)]}{FM} \\[2mm] d_{21} = \dfrac{(D_R - D_Q)(x_P - x_R) - (D_R - D_P)(x_Q - x_R)}{FM} \\[2mm] d_{22} = \dfrac{2[(z_P - z_R)(x_Q - x_R) - (z_Q - z_R)(x_P - x_R)]}{FM} \end{cases}$$

$$FM = 2[(x_P - x_R)(y_Q - y_R) - (x_Q - x_R)(y_P - y_R)]$$

根据坐标初值 (x_0, y_0, z_0),可定出合理结果。这样,即可求出目标坐标,以此为基础,下一步可进行速度及其他参数的求解。

6.2.2 相关问题处理方法

在干涉仪测量数据处理过程中,对测量数据的野值点、随机误差累积问题必须引起重视,否则会引发数据处理失真。

1)野值点的处理

及时准确地诊断和修复短基线干涉仪测量数据序列中的野值点,是保证处理结果可靠性的先决条件。因为测速数据中包含一个野值,累积定位时就会出现一个"台阶";测速数据中丢失一个点,相应通道的累积数据就会长弧段地"超前"0.025s。

考虑到野值点的识别和修复工作的极端重要性,在进行数据累积之前,采用拟合曲线外推法对测量信息 $(\dot{R}, \dot{P}, \dot{Q})$ 进行正、反向多次检测,确保测量数据 $\dot{R}$、

$\dot{P}$、$\dot{Q}$ 的准确、可靠。

2）随机误差的累积问题

由于短基线干涉仪测量信息为 0.025s 间隔的距离增量（$\dot{R}$）、主副站距离差增量（$\dot{P}$、$\dot{Q}$），根据误差公理，对每一采样数据都可能包含随机误差，如果记 t 时刻的测量数据真值为 $\dot{R}_0(t)$，$\dot{P}_0(t)$，$\dot{Q}_0(t)$，则

$$\begin{cases} \dot{R}(t) = \dot{R}_0(t) + \varepsilon_R(t) \\ \dot{P}(t) = \dot{P}_0(t) + \varepsilon_P(t) \\ \dot{Q}(t) = \dot{Q}_0(t) + \varepsilon_Q(t) \end{cases} \quad (6-15)$$

对 $\dot{R}_0(t)$，$\dot{P}_0(t)$，$\dot{Q}_0(t)$ 按时间积累形成的同时，随机误差（ε_R，ε_P，ε_Q）也存在着累积。

如何正确、合理地分析累积后的随机误差对定位处理的影响，是实现准确确定飞行目标参数必须解决的一个关键性技术问题。

假定随机误差序列 $\varepsilon_R(ti)$，$\varepsilon_P(ti)$，$\varepsilon_Q(ti)$ 是前后互不相关的；并且服从均值三维正态分布（这个假定是很宽松的，符合大多数情况下的采样数据的特性），则三维随机过程 $\varepsilon_R(ti)$，$\varepsilon_P(ti)$，$\varepsilon_Q(ti)$，$ti = T_0 - 0.025i, i = 1, 2, \cdots, n$ 为服从均值正态分布的独立增量随机过程，其累积仍服从均值正态分布。

对 $\dot{R}$，$\dot{P}$，$\dot{Q}$ 或由此转化而生成的三个径向距离（S_R、S_P、S_Q），其值包含服从均值正态分布的随机误差，这不会导致本定位算法得出的目标位置"偏移"，但可能存在随机波动。

6.2.3 应用效果

为检验自定位方法的实际应用效果，选用测量数据中同一时间段雷达的弹道数据作为初值进行独立计算，再将计算结果与 GNSS 结果进行比对分析。图 6-27 ~ 图 6-29 分别为飞行目标在 X、Y、Z 方向速度分量数据比对图，蓝色为自定位，紫色线为 GNSS。

从图 6-27 ~ 图 6-29 的曲线分析可知：干涉仪自定位方法计算结果与 GNSS 计算结果差异很小，总体上趋势是一致的，且处理精度满足任务要求。

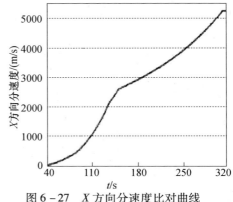

图 6-27 X 方向分速度比对曲线

115

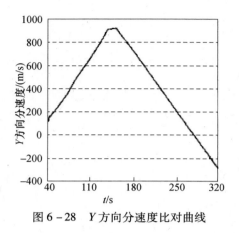

图 6 – 28   Y 方向分速度比对曲线   图 6 – 29   Z 方向分速度比对曲线

6.2.4　结论

短基线干涉仪测量数据是试验靶场中十分重要的跟踪测量设备,其高精度的测速数据为提高弹道数据处理精度提供了有力的支持。短基线干涉仪自定位计算方法充分利用了短基线干涉仪设备高精度的测量数据,完成定位 – 测速一体化处理。通过实际靶场试验的测量数据计算、验证、分析,结果证实计算结果完全达到数据处理精度的要求,开拓了多测速测量数据处理的技术途径。

6.3　短基线干涉仪测角数据处理技术

短基线干涉仪跟踪测量数据除测速数据测元外,还可获取方位角和俯仰角测量数据。但因短基线干涉仪设备无测距功能,故无法单独利用测角信息进行定位,这里采用两种方式计算测距 R,结合其测角数据解算弹道参数。

6.3.1　处理方法

6.3.1.1　测距计算方法

在大多数靶场试验任务中,一般采用站址接近的脉冲雷达设备测量数据反算测距 R,与短基线干涉仪系统的测角数据一起实现单站定位。

1）发射系下坐标数据反算短基线干涉仪系统测站坐标系数据

（1）解算目标在测站坐标系下的坐标:

116

$$\begin{bmatrix} x_{ci} \\ y_{ci} \\ z_{ci} \end{bmatrix} = \begin{bmatrix} w_{11} & w_{12} & w_{13} \\ w_{21} & w_{22} & w_{23} \\ w_{31} & w_{32} & w_{33} \end{bmatrix} \cdot \left(\begin{bmatrix} x_{i0} \\ y_{i0} \\ z_{i0} \end{bmatrix} - \begin{bmatrix} x_0 \\ y_0 \\ z_0 \end{bmatrix} \right) \qquad (6-16)$$

式中：(x_{i0}, y_{i0}, z_{i0}) 为飞行目标在发射坐标系下的坐标；(x_0, y_0, z_0) 为测站在发射坐标系下的坐标；w 为测站与发射坐标系之间的转换矩阵。

（2）反算相对于测站系的径向距离与角度：

$$\begin{cases} R_{i0} = (x_{ci}^2 + y_{ci}^2 + z_{ci}^2)^{\frac{1}{2}} \\ A_{i0} = \arctan \dfrac{z_{ci}}{x_{ci}} + \begin{cases} 0, x_{ci} \geqslant 0 \\ \pi, x_{ci} < 0 \end{cases} \\ E_{i0} = \arcsin y_{ci} \end{cases} \qquad (6-17)$$

式（6-17）中，R_{i0} 数据序列与短基线干涉仪系统的测角数据$(A_i、E_i)$时间点对齐后组成序列$(R_{i0}、A_i、E_i)$计算目标弹道参数。

2）雷达测量数据反算短基线干涉仪系统测站坐标系数据

可以把雷达的测量数据序列$(R_{i0}、A_{i0}、E_{i0})$转换到短基线干涉仪站址的测站坐标系数据$(R_{ic}、A_{ic}、E_{ic})$。具体算法如下：

（1）$(A_{i0}、E_{i0})$在不同坐标系之间的转换

$$\begin{cases} A_{ic} = \arctan \dfrac{n_i}{l_i} + \begin{cases} 0, l_i \geqslant 0 \\ \pi, l_i < 0 \end{cases} \\ E_{ic} = \arcsin m_i \end{cases} \qquad (6-18)$$

式中：

$$\begin{bmatrix} l_i \\ m_i \\ n_i \end{bmatrix} = \begin{bmatrix} w_{11} & w_{12} & w_{13} \\ w_{21} & w_{22} & w_{23} \\ w_{31} & w_{32} & w_{33} \end{bmatrix} \cdot \begin{bmatrix} \cos A_{i0} \cos E_{i0} \\ \sin E_{i0} \\ \sin A_{i0} \cos E_{i0} \end{bmatrix}$$

式中：w 为两测站坐标系之间的转换矩阵。

（2）R_{i0} 在不同坐标系之间的转换

$$R_{ic} = \{ D^2 + R_{i0}^2 - 2R_{i0} [(x_{01} - x_{02})l_i + (y_{01} - y_{02})m_i + (z_{01} - z_{02})n_i] \}^{\frac{1}{2}}$$

$$(6-19)$$

式中：$D^2 = (x_{01} - x_{02})^2 + (y_{01} - y_{02})^2 + (z_{01} - z_{02})^2$。

式（6-19）中，R_{ic} 数据序列与短基线干涉仪的测角数据$(A_{ic}、E_{ic})$时间点对齐后组成序列$(R_{ic}、A_{ic}、E_{ic})$计算目标弹道参数。

利用雷达测量数据确定的飞行目标坐标参数反算求得测距 R，再结合短基线干涉仪测角数据对飞行目标参数确定的方法是可行的，但是这种方法受雷达设备跟踪情况的限制，如果雷达跟踪出现丢失段落，或数据异常段落，它

提供的测距 R 必定是不连续的,这样就造成短基线干涉仪测角数据处理结果的不连续。

所以,可采用短基线干涉仪测速累积求得测距 R,即首先选一初值 R_0,然后对每个时间点上的测速数据进行累积,求得测距 R,即

$$R = R_0 + \sum_{i=1}^{N} \Delta R_i$$

6.3.1.2 目标位置计算

将短基线干涉仪的测量数据 $(A_i、E_i)$ 经过误差修正后得到 $(A_Z、E_Z)$,与 R 组合。则可由 $(R、A_Z、E_Z)$ 计算出其在发射系下的位置参数 $(x_i、y_i、z_i)$,具体计算方法如下:

(1)计算测站系下位置参数 $(x_{ci}、y_{ci}、z_{ci})$:

$$\begin{cases} x_{ci} = R\cos E_Z \cos A_Z \\ y_{ci} = R\sin E_Z \\ z_{ci} = R\cos E_Z \sin A_Z \end{cases} \qquad (6-20)$$

(2)将测站系下位置参数 (x_{ci},y_{ci},z_{ci}) 转换到发射坐标系下 (x_i,y_i,z_i):

$$\begin{bmatrix} x_i \\ y_i \\ z_i \end{bmatrix} = w \begin{bmatrix} x_{ci} \\ y_{ci} \\ z_{ci} \end{bmatrix} + \begin{bmatrix} x_0 \\ y_0 \\ z_0 \end{bmatrix} \qquad (6-21)$$

式中:(x_0,y_0,z_0) 为测站在发射坐标系下坐标;w 为测站坐标系与发射坐标系之间的转换矩阵。

6.3.2 应用效果

以某次靶场试验测量的短基线干涉仪测量数据中测角数据处理过程仿真计算为例,对上述处理方案进行仿真验证。

1)雷达反算测距 R 与短基线干涉仪测角数据相结合

图 6-30～图 6-32 为短基线干涉仪测角数据与雷达测距相结合计算结果,与短基线干涉仪测量数据计算的分速度数据比对图,其中实线为短基线干涉仪测角与雷达测距结合的计算结果,虚线为短基线干涉仪测速数据计算结果。

从图 6-30～图 6-32 的曲线可以看出,短基线干涉仪测角与雷达测距 R 相结合计算的结果同短基线干涉仪测量数据的计算结果在分速度上趋势一致,说明计算方法正确,但由于测角存在较大的误差,因此实线摆动较大。

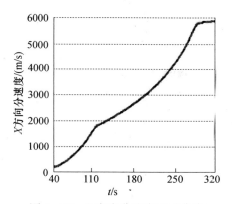

图 6 - 30 X 方向分速度比对曲线

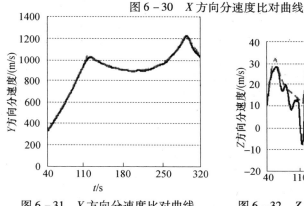

图 6 - 31 Y 方向分速度比对曲线

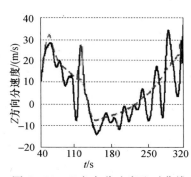

图 6 - 32 Z 方向分速度比对曲线

2）短基线干涉仪测速累积求得测距 R 与测角数据相结合

首先选取时间 T 为 29.550s 时的测速数据作为初值进行累积求得 R，后求发射系下的分速度数据，计算方法与前同。图 6 - 33 ~ 图 6 - 35 为与短基线干涉仪测量数据经过修正后的分速度数据（V_x，V_y，V_z）的比对图，实线为短基线干涉仪测角与测距 R 相结合的计算结果，虚线为短基线干涉仪测速计算结果。

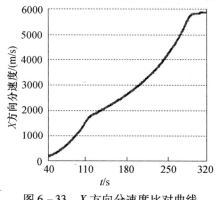

图 6 - 33 X 方向分速度比对曲线

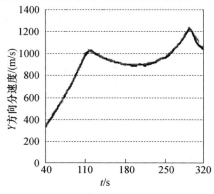

图 6 - 34 Y 方向分速度比对曲线

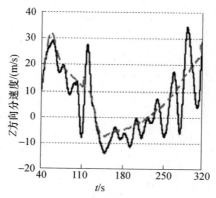

图 6 - 35　*Z* 方向分速度比对曲线

从图 6 - 33 ~ 图 6 - 35 曲线可以看出,两种情况的计算结果在分速度上趋势一致,说明计算方法正确,但由于测角存在较大的误差,因此实线摆动较大。

6.3.3　结论

综上所述,由短基线干涉仪测速累积测距 R 的计算结果是可行的,此种方法的好处是可充分利用跟踪数据,用短基线干涉仪测速累积测距 R 的方法所得结果的分速度更为接近短基线干涉仪测速本身测量值。利用短基线干涉仪测角数据与雷达测距,以及飞行目标坐标参数反算求得的测距数据进行弹道确定也是可行的,该方法结果可作为短基线干涉仪测量数据处理的补充。

参考文献

[1] 刘利生. 外测数据事后处理[M]. 北京:国防工业出版社,2000.

[2] 罗海银. 导弹航天测控通信技术词典[M]. 北京:国防工业出版社,2001.

[3] 王敏,宋凌云. 干涉仪系统误差对位置的影响分析[J]. 靶场试验与管理,2002(4):15 - 18.

[4] 王敏,宋凌云,胡绍林. 干涉仪测量数据联合定位的方法[J]. 飞行器测控学报,2003,22 (3):22 - 25.

[5] 王正明,易东云. 测量数据建模与参数估计[M]. 长沙:国防科技大学出版社,1997.

[6] 贾兴泉. 连续波雷达处理[M]. 北京:国防工业出版社,2005.

[7] 王敏,王佳,余慧,等. 短基线干涉仪联测数据处理[J],宇航动力学学报,2016,6(3): 8 - 11.

第7章
多测速测量数据弹道确定及评估

本章将针对多测速测量体制的特点,阐述弹道重构算法,以及工程化应用效果。同时,对弹道精度的分析与布站情况进行深入的探讨。主要以航天试验靶场为例,对一主多副和两主多副的跟踪测量情况进行建模计算,以期获取高精度的外弹道数据处理结果。

7.1　一主多副计算方法

一主多副的跟踪测量采用单发多收的工作模式。单发多收模式指单个发射频率,双频接收模式。在地面设置一个上行信号发射站,根据飞行航迹情况合理布置多个接收站,箭上应答机为锁相方式,它接收一个频率,转发两个频率,两副天线分别转发,地面双频双信道接收,测量多普勒频率,获得多个距离和变化率测量值。单发多收模式频率工作示意图见图7－1。

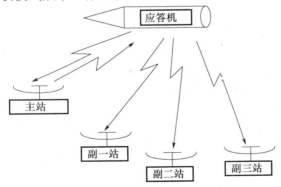

图7－1　单发多收模式示意图

在实际航天试验测量中,一般采用一主三副的测量体制对飞行目标进行跟踪测量,设 $\dot{r}_0$、$\dot{r}_1$ 分别为主站发送、接收距离变化率,$\dot{r}_2$、$\dot{r}_3$ 和 $\dot{r}_4$ 为副站接收距离变化率。$\dot{s}_1$ 为主站测速数据,$\dot{s}_2$、$\dot{s}_3$ 和 $\dot{s}_4$ 为副站测速数据,则测量方程为

121

$$\begin{cases} \dot{s}_1 = \dot{r}_0 + \dot{r}_1 \\ \dot{s}_2 = \dot{r}_0 + \dot{r}_2 \\ \dot{s}_3 = \dot{r}_0 + \dot{r}_3 \\ \dot{s}_4 = \dot{r}_0 + \dot{r}_4 \end{cases} \tag{7-1}$$

式中:$\dot{r}_i = \dfrac{\dot{x}(x - x_i) + \dot{y}(y - y_i) + \dot{z}(z - z_i)}{r_i}$,$r_i = \sqrt{(x - x_i)^2 + (y - y_i)^2 + (z - z_i)^2}$,

$i = 0,1,2,3,4$ 代表测站,x,y,z 为目标位置分量,$\dot{x},\dot{y},\dot{z}$ 为目标速度分量。

下面的几种方法主要是针对这种测量体制对目标的分速度进行解算与分析。

7.1.1 线性差分法

此数学模型的建立依据测量原理而形成,该方法可有效消除跟踪测量过程距离和变化率数据大部分误差,提高数据处理精度。

7.1.1.1 数学模型

布站中,主发和主收为同一测站,故 $\dot{r}_0 \approx \dot{r}_1$,则式(7-1)可写成

$$\begin{cases} \dot{s}_2 = \dot{s}_1/2 + \dot{r}_2 \\ \dot{s}_3 = \dot{s}_1/2 + \dot{r}_3 \\ \dot{s}_4 = \dot{s}_1/2 + \dot{r}_4 \end{cases} \tag{7-2}$$

这种数学模型的形成,消除了 $2\dot{r}_0$ 量值的误差。

由式(7-2)可得分速度:

$$\begin{bmatrix} \dot{x} \\ \dot{y} \\ \dot{z} \end{bmatrix} = \begin{bmatrix} x - x_2 & y - y_2 & z - z_2 \\ x - x_3 & y - y_3 & z - z_3 \\ x - x_4 & y - y_4 & z - z_4 \end{bmatrix}^{-1} \begin{bmatrix} r_2\left(\dot{s}_2 - \dfrac{\dot{s}_1}{2}\right) \\ r_3\left(\dot{s}_3 - \dfrac{\dot{s}_1}{2}\right) \\ r_4\left(\dot{s}_4 - \dfrac{\dot{s}_1}{2}\right) \end{bmatrix} \tag{7-3}$$

式(7-3)可写成

122

$$\begin{bmatrix} \dot{x} \\ \dot{y} \\ \dot{z} \end{bmatrix} = \begin{bmatrix} a & b & c \\ d & e & f \\ g & h & i \end{bmatrix} \begin{bmatrix} r_2\left(\dot{s}_2 - \dfrac{\dot{s}_1}{2}\right) \\ r_3\left(\dot{s}_3 - \dfrac{\dot{s}_1}{2}\right) \\ r_4\left(\dot{s}_4 - \dfrac{\dot{s}_1}{2}\right) \end{bmatrix} \tag{7-4}$$

式中：

$$\begin{bmatrix} a & b & c \\ d & e & f \\ g & h & i \end{bmatrix} = \begin{bmatrix} x-x_2 & y-y_2 & z-z_2 \\ x-x_3 & y-y_3 & z-z_3 \\ x-x_4 & y-y_4 & z-z_4 \end{bmatrix}^{-1}$$

7.1.1.2 误差分析及精度计算

根据式(7-3)可导出测速距离和变化率数据的误差变化引发的目标速度变化模型：

$$\begin{bmatrix} \Delta\dot{x} \\ \Delta\dot{y} \\ \Delta\dot{z} \end{bmatrix} = \begin{bmatrix} x-x_2 & y-y_2 & z-z_2 \\ x-x_3 & y-y_3 & z-z_3 \\ x-x_4 & y-y_4 & z-z_4 \end{bmatrix}^{-1} \begin{bmatrix} -\dfrac{r_2}{2} & r_2 & 0 & 0 \\ -\dfrac{r_3}{2} & 0 & r_3 & 0 \\ -\dfrac{r_4}{2} & 0 & 0 & r_4 \end{bmatrix} \begin{bmatrix} \Delta\dot{s}_1 \\ \Delta\dot{s}_2 \\ \Delta\dot{s}_3 \\ \Delta\dot{s}_4 \end{bmatrix} \tag{7-5}$$

依照误差传递定律，分速度精度可写成

$$\begin{bmatrix} \sigma_{\dot{x}} \\ \sigma_{\dot{y}} \\ \sigma_{\dot{z}} \end{bmatrix} = \begin{bmatrix} \left[\left(\dfrac{\partial\dot{x}}{\partial\dot{s}_1}\cdot\sigma_{\dot{s}_1}\right)^2 + \left(\dfrac{\partial\dot{x}}{\partial\dot{s}_2}\cdot\sigma_{\dot{s}_2}\right)^2 + \left(\dfrac{\partial\dot{x}}{\partial\dot{s}_3}\cdot\sigma_{\dot{s}_3}\right)^2 + \left(\dfrac{\partial\dot{x}}{\partial\dot{s}_4}\cdot\sigma_{\dot{s}_4}\right)^2\right]^{\frac{1}{2}} \\ \left[\left(\dfrac{\partial\dot{y}}{\partial\dot{s}_1}\cdot\sigma_{\dot{s}_1}\right)^2 + \left(\dfrac{\partial\dot{y}}{\partial\dot{s}_2}\cdot\sigma_{\dot{s}_2}\right)^2 + \left(\dfrac{\partial\dot{y}}{\partial\dot{s}_3}\cdot\sigma_{\dot{s}_3}\right)^2 + \left(\dfrac{\partial\dot{y}}{\partial\dot{s}_4}\cdot\sigma_{\dot{s}_4}\right)^2\right]^{\frac{1}{2}} \\ \left[\left(\dfrac{\partial\dot{z}}{\partial\dot{s}_1}\cdot\sigma_{\dot{s}_1}\right)^2 + \left(\dfrac{\partial\dot{z}}{\partial\dot{s}_2}\cdot\sigma_{\dot{s}_2}\right) + \left(\dfrac{\partial\dot{z}}{\partial\dot{s}_3}\cdot\sigma_{\dot{s}_3}\right)^2 + \left(\dfrac{\partial\dot{z}}{\partial\dot{s}_4}\cdot\sigma_{\dot{s}_4}\right)^2\right]^{\frac{1}{2}} \end{bmatrix}$$

$$\tag{7-6}$$

式中：

$$\frac{\partial(\dot{x},\dot{y},\dot{z})}{\partial(\dot{s}_1,\dot{s}_2,\dot{s}_3,\dot{s}_4)} = \begin{bmatrix} -\dfrac{1}{2}(ar_2+br_3+cr_4) & -\dfrac{1}{2}(dr_2+er_3+fr_4) & -\dfrac{1}{2}(gr_2+hr_3+ir_4) \\ ar_2 & dr_2 & gr_2 \\ br_3 & er_3 & hr_3 \\ cr_4 & fr_4 & ir_4 \end{bmatrix}$$

7.1.1.3 实例分析

对某次试验中的测速系统测量数据进行弹道参数计算,图 7 - 2 ~ 图 7 - 4 分别为计算的速度分量($\dot{x}, \dot{y}, \dot{z}$)与 GPS 数据的比对分析图。

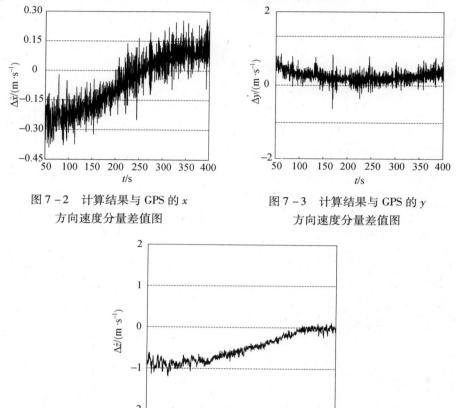

图 7 - 2　计算结果与 GPS 的 x 方向速度分量差值图

图 7 - 3　计算结果与 GPS 的 y 方向速度分量差值图

图 7 - 4　计算结果与 GPS 的 z 方向速度分量差值图

从图 7 - 2 ~ 图 7 - 4 中可以看出,该方法计算结果表明与 GPS 数据结果相当,证明了该方法的有效性。

7.1.1.4 结论

本节提出的多测速系统测量数据差分处理方法优化了函数,高度免疫了干扰误差,明显提高了测量信息的可信度,减低了目标的不确定性;误差分析方法同时具有计算高速、高效特点,可表现出极强的稳健性。该方法及误差分析手段在后续任务中具有指导意义,特别是在同布站同发射方向的情况下更具有重要的参考价值。

7.1.2 最优估计法

该方法的数学模型建立,依据测量原理及测量体制的特点而形成,此方法可有效地消除跟踪测量过程中距离和变化率数据的部分不确定因素,并对损失部分进行补偿。

7.1.2.1 数学模型

根据式(7-1),可建立模型:

$$
\begin{bmatrix} r_0 r_1 \dot{s}_1 \\ r_0 r_2 \dot{s}_2 \\ r_0 r_3 \dot{s}_3 \\ r_0 r_4 \dot{s}_4 \end{bmatrix} = r_0 \begin{bmatrix} x-x_1 & y-y_1 & z-z_1 \\ x-x_2 & y-y_2 & z-z_2 \\ x-x_3 & y-y_3 & z-z_3 \\ x-x_4 & y-y_4 & z-z_4 \end{bmatrix} \begin{bmatrix} \dot{x} \\ \dot{y} \\ \dot{z} \end{bmatrix} + \begin{bmatrix} r_1 \\ r_2 \\ r_3 \\ r_4 \end{bmatrix} \begin{bmatrix} x-x_0 & y-y_0 & z-z_0 \end{bmatrix} \begin{bmatrix} \dot{x} \\ \dot{y} \\ \dot{z} \end{bmatrix}
$$

$$(7-7)$$

式(7-7)可写成

$$
\begin{bmatrix} r_0 r_1 \dot{s}_1 \\ r_0 r_2 \dot{s}_2 \\ r_0 r_3 \dot{s}_3 \\ r_0 r_4 \dot{s}_4 \end{bmatrix} = \begin{bmatrix} r_0(x-x_1)+r_1(x-x_0) & r_0(y-y_1)+r_1(y-y_0) & r_0(z-z_1)+r_1(z-z_0) \\ r_0(x-x_2)+r_2(x-x_0) & r_0(y-y_2)+r_2(y-y_0) & r_0(z-z_2)+r_2(z-z_0) \\ r_0(x-x_3)+r_3(x-x_0) & r_0(y-y_3)+r_3(y-y_0) & r_0(z-z_3)+r_3(z-z_0) \\ r_0(x-x_4)+r_4(x-x_0) & r_0(y-y_4)+r_4(y-y_0) & r_0(z-z_4)+r_4(z-z_0) \end{bmatrix} \begin{bmatrix} \dot{x} \\ \dot{y} \\ \dot{z} \end{bmatrix}
$$

$$(7-8)$$

令

$$
A = \begin{bmatrix} r_0(x-x_1)+r_1(x-x_0) & r_0(y-y_1)+r_1(y-y_0) & r_0(z-z_1)+r_1(z-z_0) \\ r_0(x-x_2)+r_2(x-x_0) & r_0(y-y_2)+r_2(y-y_0) & r_0(z-z_2)+r_2(z-z_0) \\ r_0(x-x_3)+r_3(x-x_0) & r_0(y-y_3)+r_3(y-y_0) & r_0(z-z_3)+r_3(z-z_0) \\ r_0(x-x_4)+r_4(x-x_0) & r_0(y-y_4)+r_4(y-y_0) & r_0(z-z_4)+r_4(z-z_0) \end{bmatrix}
$$

则式(7-8)可写成

$$
\begin{bmatrix} \dot{x} \\ \dot{y} \\ \dot{z} \end{bmatrix} = (A^{\mathrm{T}}A)^{-1}A^{\mathrm{T}} \begin{bmatrix} r_0 r_1 \dot{s}_1 \\ r_0 r_2 \dot{s}_2 \\ r_0 r_3 \dot{s}_3 \\ r_0 r_4 \dot{s}_4 \end{bmatrix}
$$

$$(7-9)$$

通过式(7-9)计算,只获取弹道参数的近似结果。为了获取最佳估计的效果,必须对计算过程中的损失部分进行补偿。设 $\dot{s}_{ia}$ 为由式(7-9)的结果反算到测速系统测元的数据,则损失量为

$$
\begin{bmatrix} \Delta \dot{x} \\ \Delta \dot{y} \\ \Delta \dot{z} \end{bmatrix} = (C^{\mathrm{T}} C)^{-1} C^{\mathrm{T}} \begin{bmatrix} \dot{s}_1 - \dot{s}_{1a} \\ \dot{s}_2 - \dot{s}_{2a} \\ \dot{s}_3 - \dot{s}_{3a} \\ \dot{s}_4 - \dot{s}_{4a} \end{bmatrix} \qquad (7-10)
$$

其中:

$$
C = \begin{bmatrix} \dfrac{\partial \dot{s}_1}{\partial \dot{x}} & \dfrac{\partial \dot{s}_1}{\partial \dot{y}} & \dfrac{\partial \dot{s}_1}{\partial \dot{z}} \\[3mm] \dfrac{\partial \dot{s}_2}{\partial \dot{x}} & \dfrac{\partial \dot{s}_2}{\partial \dot{y}} & \dfrac{\partial \dot{s}_2}{\partial \dot{z}} \\[3mm] \dfrac{\partial \dot{s}_3}{\partial \dot{x}} & \dfrac{\partial \dot{s}_3}{\partial \dot{y}} & \dfrac{\partial \dot{s}_3}{\partial \dot{z}} \\[3mm] \dfrac{\partial \dot{s}_4}{\partial \dot{x}} & \dfrac{\partial \dot{s}_4}{\partial \dot{y}} & \dfrac{\partial \dot{s}_4}{\partial \dot{z}} \end{bmatrix}_{(\dot{x},\dot{y},\dot{z})=(\dot{x}_a,\dot{y}_a,\dot{z}_a)}
$$

式中: $\dfrac{\partial \dot{s}_i}{\partial \dot{x}} = l_i + l_0$, $\dfrac{\partial \dot{s}_i}{\partial \dot{y}} = m_i + m_0$, $\dfrac{\partial \dot{s}_i}{\partial \dot{z}} = n_i + n_0$, $i = 1, 2, \cdots, m$,

$l_i = \dfrac{x - x_i}{r_i}, m_i = \dfrac{y - y_i}{r_i}, n_i = \dfrac{z - z_i}{r_i}, \quad i = 0, 1, \cdots, m$。

则

$$
\begin{bmatrix} \dot{\hat{x}} \\ \dot{\hat{y}} \\ \dot{\hat{z}} \end{bmatrix} = \begin{bmatrix} \dot{x} \\ \dot{y} \\ \dot{z} \end{bmatrix} + \begin{bmatrix} \Delta \dot{x} \\ \Delta \dot{y} \\ \Delta \dot{z} \end{bmatrix} \qquad (7-11)
$$

式中: $(\dot{\hat{x}}, \dot{\hat{y}}, \dot{\hat{z}})^{\mathrm{T}}$ 为最佳参数结果, $(\dot{x}, \dot{y}, \dot{z})^{\mathrm{T}}$ 为近似参数结果。

7.1.2.2　精度计算

依照误差传递定律,分速度精度可写成

126

$$\begin{bmatrix} \sigma_{\dot{x}} \\ \sigma_{\dot{y}} \\ \sigma_{\dot{z}} \end{bmatrix} = \begin{bmatrix} [(\partial\dot{x}/\partial\dot{s}_1)^2 \cdot \sigma_{\dot{s}_1}^2 + (\partial\dot{x}/\partial\dot{s}_2)^2 \cdot \sigma_{\dot{s}_2}^2 + (\partial\dot{x}/\partial\dot{s}_3)^2 \cdot \sigma_{\dot{s}_3}^2]^{\frac{1}{2}} \\ [(\partial\dot{y}/\partial\dot{s}_1)^2 \cdot \sigma_{\dot{s}_1}^2 + (\partial\dot{y}/\partial\dot{s}_2)^2 \cdot \sigma_{\dot{s}_2}^2 + (\partial\dot{y}/\partial\dot{s}_3)^2 \cdot \sigma_{\dot{s}_3}^2]^{\frac{1}{2}} \\ [(\partial\dot{z}/\partial\dot{s}_1)^2 \cdot \sigma_{\dot{s}_1}^2 + (\partial\dot{z}/\partial\dot{s}_2)^2 \cdot \sigma_{\dot{s}_2}^2 + (\partial\dot{z}/\partial\dot{s}_3)^2 \cdot \sigma_{\dot{s}_3}^2]^{\frac{1}{2}} \end{bmatrix}$$

$$(7-12)$$

其中,令

$$(\boldsymbol{A}^{\mathrm{T}}\boldsymbol{A})^{-1}\boldsymbol{A}^{\mathrm{T}} = \begin{bmatrix} a & b & c & d \\ e & f & g & h \\ i & j & k & l \end{bmatrix}$$

则

$$\frac{\partial(\dot{x},\dot{y},\dot{z})}{\partial(\dot{s}_1,\dot{s}_2,\dot{s}_3,\dot{s}_4)} = \begin{bmatrix} ar_0r_1 & br_0r_2 & cr_0r_3 & dr_0r_4 \\ er_0r_1 & fr_0r_2 & gr_0r_3 & hr_0r_4 \\ ir_0r_1 & jr_0r_2 & kr_0r_3 & lr_0r_4 \end{bmatrix}$$

7.1.2.3 实例分析

利用该方法对某次测速系统测量数据进行弹道参数计算,并对其精度进行分析。图 7-5 ~ 图 7-7 分别为计算结果与 GPS 在 X、Y、Z 三个方向速度分量的差值数据图,图 7-8 ~ 图 7-10 分别为在 X、Y、Z 三个方向速度分量的精度结果数据图。

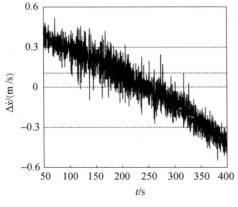

图 7-5   与 GPS 的 X
方向速度分量差值数据图

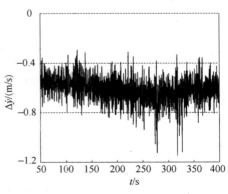

图 7-6   与 GPS 的 Y
方向速度分量差值数据图

127

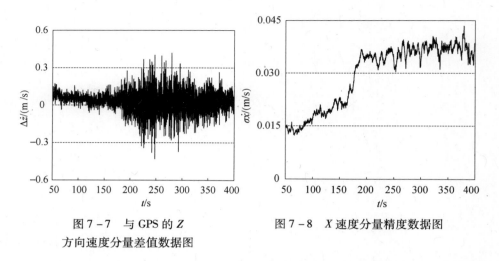

图 7 - 7   与 GPS 的 Z
方向速度分量差值数据图

图 7 - 8   X 速度分量精度数据图

从图 7 - 5 ~ 图 7 - 7 中可以看出,求解出的目标参数与高精度的 GPS 数据参数的差值较小,计算结果十分接近,证明了该方法的可行性。

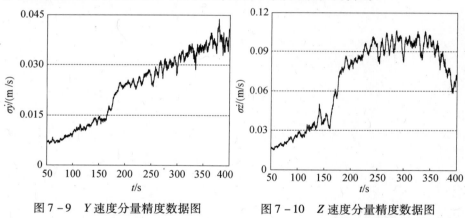

图 7 - 9   Y 速度分量精度数据图

图 7 - 10   Z 速度分量精度数据图

从图 7 - 8 ~ 图 7 - 10 可以看出,利用此方法解算出的飞行目标在三个方向的分速度精度均在 0.1m/s 以内,不仅达到了数据处理精度的要求,而且明显地提高了数据处理精度,达到了预期的数据处理效果。

7.1.2.4   结论

多测速系统最优弹道估计方法的宗旨,就是利用误差量的补偿,获取更加准确的弹道数据处理结果。通过计算表明,应用最优弹道估计方法得到的结果符合处理要求,精度也有明显提高,可有效实现高精度的外弹道数据处理。该方法的使用,为多测速系统测量数据开拓了新的数据处理途径,也将为后续的高精度数据处理的完成提供技术支持。

7.2 两主多副计算方法

两主多副的跟踪测量体制采用了双发多收的工作模式。双发多收模式为地面设置两个发射站,每站发射一个频率,箭上一个应答机接收两个频率并转发两个下行频率,地面布置 6 个以上接收站,接收下行双频并测量多普勒频率,得到多个距离和变化率测量值。这样做的目的是增加系统的测量段落和冗余测元,提高系统可靠性,同时还可以改善测量几何,提高测量精度。双发多收模式频率工作见图 7 – 11 示意图。

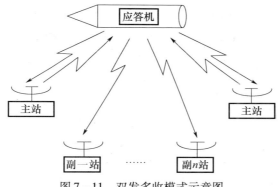

图 7 – 11 双发多收模式示意图

由于两个主站可以互为副站,所以两主多副的测量体制在解算弹道的过程中,可以设定为一主多副(大于等于 6)进行建模。假设 $\dot{r}_0$、$\dot{r}_1$ 分别为主站发送、接收距离变化率,$\dot{r}_i(i=2,3,\cdots,m)$ 为副站接收距离变化率。$\dot{s}_1$ 为主站测速数据,$\dot{s}_i(i=2,3,\cdots,m)$ 为副站测速数据,则可以建立联合测量方程

$$\begin{cases} \dot{s}_1 = \dot{r}_0 + \dot{r}_1 \\ \dot{s}_2 = \dot{r}_0 + \dot{r}_2 \\ \quad\vdots \\ \dot{s}_m = \dot{r}_0 + \dot{r}_m \end{cases} \qquad (7-13)$$

式中:$\dot{r}_i = \dfrac{\dot{x}(x-x_i) + \dot{y}(y-y_i) + \dot{z}(z-z_i)}{r_i}$;$r_i = \sqrt{(x-x_i)^2 + (y-y_i)^2 + (z-z_i)^2}$;$x,y,z$ 为目标位置分量;$\dot{x},\dot{y},\dot{z}$ 为目标速度分量。

在一些特殊型号运载火箭试验中,高精度多测速系统通常采用二主多副的测量体制,这种测量体制的出现,可充分利用冗余测元,完成飞行目标的定位和

定速参数的确定,实现"知道目标的飞行速度,就可知道目标在哪飞"的突破。下面介绍三种数据处理方法,并利用方法进行实例分析。

7.2.1 拟牛顿法

拟牛顿法(Quasi – Newton Methods)是求解非线性优化问题最有效的方法之一,于20世纪50年代由美国Argonne国家实验室的物理学家W. C. Davidon提出,Davidon设计的这种算法在当时看来是非线性优化领域最具创造性的发明之一,不久R. Fletcher和aM. j. D. Powell证实了这种新的算法远比其他方法快速和可靠,在之后的年代里,拟牛顿方法得到了蓬勃发展。该方法只需要求每一步迭代时知道目标函数的梯度,通过测量梯度的变化,构造一个目标函数的模型,使之足以产生超线性收敛性。另外,因为拟牛顿法不需要二阶导数的信息,所以有时比牛顿法更为有效。将此方法利用在多测速测量数据解算弹道参数方面,将会更好地解决非线性求解问题。

7.2.1.1 方法介绍

建立非线性求解方程:

$$f_i(x,y,z,\dot{x},\dot{y},\dot{z}) = 0, i = 1,2,\cdots,m \qquad (7-14)$$

记为

$$f_i(\boldsymbol{X}) = 0, \ i = 1,2,\cdots,m \qquad (7-15)$$

其中 $\boldsymbol{X} = (x,y,z,\dot{x},\dot{y},\dot{z})^{\mathrm{T}}$,则

$$f_i(\boldsymbol{X}) = \dot{s}_i - \dot{r}_0 - \dot{r}_i, i = 1,2,\cdots,m \qquad (7-16)$$

设 $\boldsymbol{X}^{(k)} = (x^k,y^k,z^k,\dot{x}^k,\dot{y}^k,\dot{z}^k)^{\mathrm{T}}$ 为第 k 次迭代近似值,由牛顿法可计算第 $k+1$ 次迭代值。即

$$\boldsymbol{X}^{(k+1)} = \boldsymbol{X}^{(k)} - (F(\boldsymbol{X}^{(k)})^{\mathrm{T}}F(X^{(k)}))^{-1}F(\boldsymbol{X}^{(k)})^{\mathrm{T}}f(\boldsymbol{X}^{(k)}) \qquad (7-17)$$

其中

$$f(\boldsymbol{X}^{(k)}) = (f_1^{(k)}, f_2^{(k)}, \cdots f_n^{(k)})^{\mathrm{T}}, f_i^{(k)} = f_i(\boldsymbol{X}^{(k)})$$

$F(\boldsymbol{X})$ 为雅可比矩阵,即

$$F(\boldsymbol{X}^{(k)}) = \begin{bmatrix} \dfrac{\partial f_1(x)}{\partial x} & \dfrac{\partial f_1(x)}{\partial y} & \dfrac{\partial f_1(x)}{\partial z} & \dfrac{\partial f_1(x)}{\partial \dot{x}} & \dfrac{\partial f_1(x)}{\partial \dot{y}} & \dfrac{\partial f_1(x)}{\partial \dot{z}} \\[2mm] \dfrac{\partial f_2(x)}{\partial x} & \dfrac{\partial f_2(x)}{\partial y} & \dfrac{\partial f_2(x)}{\partial z} & \dfrac{\partial f_2(x)}{\partial \dot{x}} & \dfrac{\partial f_2(x)}{\partial \dot{y}} & \dfrac{\partial f_2(x)}{\partial \dot{z}} \\[2mm] \vdots & \vdots & \vdots & \vdots & \vdots & \vdots \\[2mm] \dfrac{\partial f_m(x)}{\partial x} & \dfrac{\partial f_m(x)}{\partial y} & \dfrac{\partial f_m(x)}{\partial z} & \dfrac{\partial f_m(x)}{\partial \dot{x}} & \dfrac{\partial f_m(x)}{\partial \dot{y}} & \dfrac{\partial f_m(x)}{\partial \dot{z}} \end{bmatrix}$$

这里，

$$\frac{\partial f_i(x)}{\partial x} = -\frac{\dot{x}r_0 - u_0(x-x_0)/r_0}{r_0^2} - \frac{\dot{x}r_i - u_i(x-x_i)/r_i}{r_i^2}$$

$$\frac{\partial f_i(x)}{\partial y} = -\frac{\dot{y}r_0 - u_0(y-y_0)/r_0}{r_0^2} - \frac{\dot{y}r_i - u_i(y-y_i)/r_i}{r_i^2}$$

$$\frac{\partial f_i(x)}{\partial z} = -\frac{\dot{z}r_0 - u_0(z-z_0)/r_0}{r_0^2} - \frac{\dot{z}r_i - u_i(z-z_i)/r_i}{r_i^2}$$

$$\frac{\partial f_i(x)}{\partial \dot{x}} = -\frac{x-x_0}{r_0} - \frac{x-x_i}{r_i}$$

$$\frac{\partial f_i(x)}{\partial \dot{y}} = -\frac{y-y_0}{r_0} - \frac{y-y_i}{r_i}$$

$$\frac{\partial f_i(x)}{\partial \dot{z}} = -\frac{z-z_0}{r_0} - \frac{z-z_i}{r_i}$$

$$u_i = \dot{x}(x-x_i) + \dot{y}(y-y_i) + \dot{z}(z-z_i), \quad i=1,2,\cdots,m(测站数)$$

$$r_i = \sqrt{(x-x_i)^2 + (y-y_i)^2 + (z-z_i)^2}, \quad i=1,2,\cdots,m(测站数)$$

7.2.1.2 实例分析

利用标称弹道反算到测元数据上,在此基础上加入系统误差和随机误差。利用某次发射的射向及布站情况对该求解方法进行弹道参数仿真计算及数据精度分析。

图 7 - 12 和图 7 - 13 分别为该方法解算的目标在 X 方向与标称弹道之间的位置和速度参数的差值数据图。

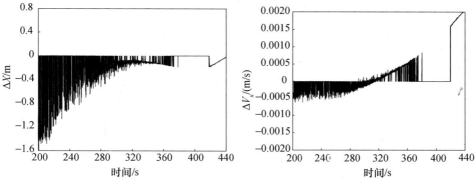

图 7 - 12 X 方向目标位置差值数据   图 7 - 13 X 方向目标速度差值数据

从图 7 - 12 和图 7 - 13 中可以看出,位置的比对差值在 - 1.50 ~ 0.00m 范围内;速度的比对差值在 - 0.001 ~ 0.002m/s 范围内。

图 7 – 14 和图 7 – 15 分别为该方法解算的目标在 Y 方向与标称弹道之间的位置和速度参数的差值数据图。

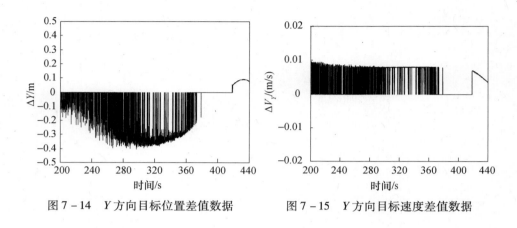

图 7 – 14 Y 方向目标位置差值数据   图 7 – 15 Y 方向目标速度差值数据

从图 7 – 14 和图 7 – 15 中可以看出,位置的比对差值在 – 0.04 ~ 0.10m 范围内,速度的比对差值在 0.000 ~ 0.009m/s 范围内。

图 7 – 16 和图 7 – 17 分别为该方法解算的目标在 Z 方向与标称弹道之间的位置和速度参数的差值数据图。

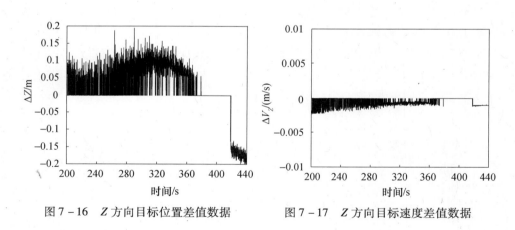

图 7 – 16 Z 方向目标位置差值数据   图 7 – 17 Z 方向目标速度差值数据

从图 7 – 16 和图 7 – 17 中可以看出,位置的比对差值在 – 0.20 ~ 0.20m 范围内,速度的比对差值在 – 0.002 ~ 0.000m/s 范围内。

图 7 – 18 和图 7 – 19 分别为该方法解算的目标在 X 方向的位置和速度的精度参数;图 7 – 20 和图 7 – 21 分别为目标在 Y 方向的位置和速度的精度参数;图 7 – 22和图 7 – 23 分别为目标在 Z 方向的位置和速度的精度参数。

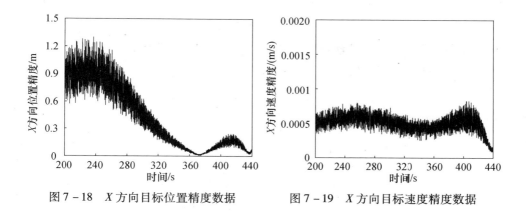

图 7 - 18 X 方向目标位置精度数据   图 7 - 19 X 方向目标速度精度数据

从图 7 - 18 ~ 图 7 - 23 中可以看出,位置参数的精度在多弧段可达到厘米级,速度参数的精度更好,远远优于处理精度要求。

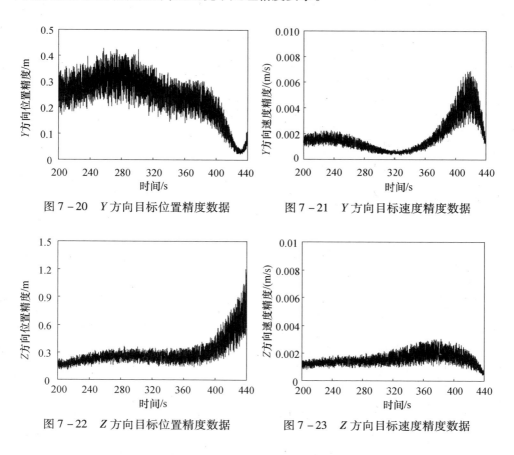

图 7 - 20 Y 方向目标位置精度数据   图 7 - 21 Y 方向目标速度精度数据

图 7 - 22 Z 方向目标位置精度数据   图 7 - 23 Z 方向目标速度精度数据

7.2.1.3 结论

综上所述,利用拟牛顿法解算出的飞行目标的弹道参数与标称弹道十分贴近,验证了此方法的科学性和有效性。目前,拟牛顿法在使用导数的最优化算法中是最行之有效的算法之一,具有收敛速度快、算法稳定性强的特点,可在多测速系统跟踪测量数据处理中取得很好的效果。

7.2.2 非线性差分法

建立的测速系统测量数据非线性计算方法,可以有效地消除跟踪测量过程中距离和变化率数据的部分系统误差和随机误差,是克服相关序列相关性的有效手段,为多测速的数据处理开拓了新的处理方法。

7.2.2.1 方法介绍

为了有效实现飞行目标的定位、定速参数的确定,减少变化率误差,建立测元数据差分计算的解算方法:

$$
\begin{cases}
\dot{s}_2 - \dot{s}_1 = \dot{r}_2 - \dot{r}_1 \\
\dot{s}_3 - \dot{s}_1 = \dot{r}_3 - \dot{r}_1 \\
\quad\vdots \\
\dot{s}_m - \dot{s}_1 = \dot{r}_m - \dot{r}_1
\end{cases}
\tag{7-18}
$$

式中,$\dot{r}_i = \dfrac{\dot{x}(x-x_i) + \dot{y}(y-y_i) + \dot{z}(z-z_i)}{r_i}$;$r_i = \sqrt{(x-x_i)^2 + (y-y_i)^2 + (z-z_i)^2}$,

$i = 1,2,\cdots,m$;

x,y,z 为目标位置分量,$\dot{x},\dot{y},\dot{z}$ 为目标速度分量。

计算步骤如下:

(1)设初始值数据 $\boldsymbol{X}^0 = (x^0, y^0, z^0, \dot{x}^0, \dot{y}^0, \dot{z}^0)^{\mathrm{T}}$。

(2)用初值反算测量元素的近似值 $\dot{s}_i^0 - \dot{s}_1^0$:

$$
\dot{s}_i^0 - \dot{s}_1^0 = \dot{r}_i - \dot{r}_1 = \frac{\dot{x}^0(x^0-x_i) + \dot{y}^0(y^0-y_i) + \dot{z}^0(z^0-z_i)}{r_i^0}
$$

$$
- \frac{\dot{x}^0(x^0-x_1) + \dot{y}^0(y^0-y_1) + \dot{z}^0(z^0-z_1)}{r_1^0} \quad ,i=2,3,\cdots,m
$$

$$
\tag{7-19}
$$

$$r_i^0 = \sqrt{(x^0 - x_i)^2 + (y^0 - y_i)^2 + (z^0 - z_i)^2}$$

（3）计算误差方程向量：

$$\Delta \boldsymbol{L} = \boldsymbol{L}^0 - \boldsymbol{L} \qquad\qquad (7-20)$$

式中：

$$\boldsymbol{L} = \begin{bmatrix} \dot{s}_2 - \dot{s}_1 \\ \dot{s}_3 - \dot{s}_1 \\ \vdots \\ \dot{s}_m - \dot{s}_1 \end{bmatrix}, \boldsymbol{L}^0 = \begin{bmatrix} \dot{s}_2^0 - \dot{s}_1^0 \\ \dot{s}_3^0 - \dot{s}_1^0 \\ \vdots \\ \dot{s}_m^0 - \dot{s}_1^0 \end{bmatrix}$$

（4）误差传播矩阵：

$$\boldsymbol{B} = \begin{bmatrix} \dfrac{\partial(\dot{s}_2 - \dot{s}_1)}{\partial x} & \dfrac{\partial(\dot{s}_2 - \dot{s}_1)}{\partial y} & \dfrac{\partial(\dot{s}_2 - \dot{s}_1)}{\partial z} & \dfrac{\partial(\dot{s}_2 - \dot{s}_1)}{\partial \dot{x}} & \dfrac{\partial(\dot{s}_2 - \dot{s}_1)}{\partial \dot{y}} & \dfrac{\partial(\dot{s}_2 - \dot{s}_1)}{\partial \dot{z}} \\[2mm] \dfrac{\partial(\dot{s}_3 - \dot{s}_1)}{\partial x} & \dfrac{\partial(\dot{s}_3 - \dot{s}_1)}{\partial y} & \dfrac{\partial(\dot{s}_3 - \dot{s}_1)}{\partial z} & \dfrac{\partial(\dot{s}_3 - \dot{s}_1)}{\partial \dot{x}} & \dfrac{\partial(\dot{s}_3 - \dot{s}_1)}{\partial \dot{y}} & \dfrac{\partial(\dot{s}_3 - \dot{s}_1)}{\partial \dot{z}} \\[2mm] \vdots & \vdots & \vdots & \vdots & \vdots & \vdots \\[2mm] \dfrac{\partial(\dot{s}_m - \dot{s}_1)}{\partial x} & \dfrac{\partial(\dot{s}_m - \dot{s}_1)}{\partial y} & \dfrac{\partial(\dot{s}_m - \dot{s}_1)}{\partial z} & \dfrac{\partial(\dot{s}_m - \dot{s}_1)}{\partial \dot{x}} & \dfrac{\partial(\dot{s}_m - \dot{s}_1)}{\partial \dot{y}} & \dfrac{\partial(\dot{s}_m - \dot{s}_1)}{\partial \dot{z}} \end{bmatrix}$$

式中：

$$\frac{\partial(\dot{s}_i - \dot{s}_1)}{\partial x} = \frac{\dot{x} r_i - u_i l_i}{r_i^2} - \frac{\dot{x} r_1 - u_1 l_1}{r_1^2}$$

$$\frac{\partial(\dot{s}_i - \dot{s}_1)}{\partial y} = \frac{\dot{y} r_i - u_i m_i}{r_i^2} - \frac{\dot{y} r_1 - u_1 m_1}{r_1^2}$$

$$\frac{\partial(\dot{s}_i - \dot{s}_1)}{\partial z} = \frac{\dot{z} r_i - u_i n_i}{r_i^2} - \frac{\dot{z} r_1 - u_1 n_1}{r_1^2}$$

$$\frac{\partial(\dot{s}_i - \dot{s}_1)}{\partial \dot{x}} = l_i - l_1$$

$$\frac{\partial(\dot{s}_i - \dot{s}_1)}{\partial \dot{y}} = m_i - m_1$$

$$\frac{\partial(\dot{s}_i - \dot{s}_1)}{\partial \dot{z}} = n_i - n_1, \qquad i = 2,3,\cdots,m$$

$$l_i = \frac{\dot{x} - x_i}{r_i}$$

$$m_i = \frac{\dot{y} - y_i}{r_i}$$

$$n_i = \frac{\dot{z} - z_i}{r_i}, \qquad i = 1, 2, \cdots, m(测站数)$$

$$u_i = \dot{x}(x - x_i) + \dot{y}(y - y_i) + \dot{z}(z - z_i), i = 1, 2, \cdots, m(测站数)$$

$$r_i = \sqrt{(x - x_i)^2 + (y - y_i)^2 + (z - z_i)^2}, \ i = 1, 2, \cdots, m(测站数)$$

（5）目标计算及精度估计。

设备跟踪测元精度统计结果：

$$\boldsymbol{P} = \operatorname{diag}(\sigma_{s_2}^2, \cdots, \sigma_{s_m}^2) \qquad (7-21)$$

则

$$\Delta \hat{\boldsymbol{X}} = (\Delta x, \Delta y, \Delta z, \Delta \dot{x}, \Delta \dot{y}, \Delta \dot{z})^{\mathrm{T}} = (\boldsymbol{B}^{\mathrm{T}} \boldsymbol{P}^{-1} \boldsymbol{B})^{-1} \boldsymbol{B}^{\mathrm{T}} \boldsymbol{P}^{-1} \Delta \boldsymbol{L} \quad (7-22)$$

目标位置及速度：

$$\hat{\boldsymbol{X}} = \boldsymbol{X}^0 + \Delta \hat{\boldsymbol{X}} \qquad (7-23)$$

目标位置及速度精度：

$$\hat{\boldsymbol{\sigma}}_X = (\boldsymbol{B}^{\mathrm{T}} \boldsymbol{P}^{-1} \boldsymbol{B})^{-1} \qquad (7-24)$$

7.2.2.2 实例分析

仿真数据为利用标称弹道反算到各台测站的测元，在此基础上加入了系统误差和随机误差。

图 7-24 和图 7-25 分别为利用该方法解算的飞行目标在 X 方向与标称弹道之间的位置和速度参数的差值数据图。

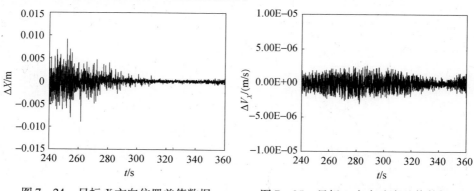

图 7-24 目标 X 方向位置差值数据 　　　　图 7-25 目标 X 方向速度差值数据

从图 7-24 和图 7-25 中可以看出，飞行目标的 X 方向位置参数与标称弹道参数的差值仅在 $\pm 0.007\mathrm{m}$ 范围内，速度的差值更小。

图 7-26 和图 7-27 分别为利用该方法解算的飞行目标在 Y 方向与标称弹道之间的位置和速度参数的比对差值。

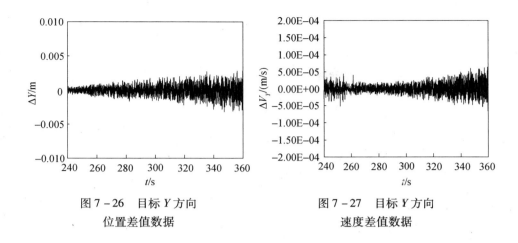

图 7 – 26 目标 Y 方向
位置差值数据

图 7 – 27 目标 Y 方向
速度差值数据

从图 7 – 26 和图 7 – 27 中可以看出,飞行目标的 Y 方向位置参数与标称弹道参数的差值仅在 ±0.003m 范围内,速度的比对差值更小。

图 7 – 28 和图 7 – 29 分别为利用该方法解算的飞行目标在 Z 方向与标称弹道之间的位置和速度参数的比对差值。

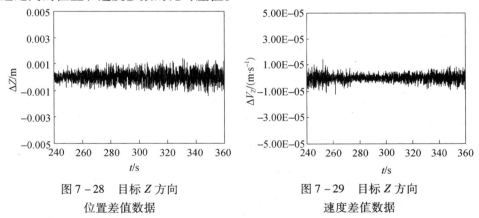

图 7 – 28 目标 Z 方向
位置差值数据

图 7 – 29 目标 Z 方向
速度差值数据

从图 7 – 28 和图 7 – 29 中可以看出,飞行目标的 Y 方向位置参数与标称弹道参数的差值仅在 ±0.001m 范围内,速度的比对差值更小。

图 7 – 30 和图 7 – 31 分别为利用该方法解算的飞行目标在 X 方向的位置和速度的精度参数数据图。

图 7 – 32 和图 7 – 33 分别为利用该方法解算的飞行目标在 Y 方向的位置和速度的精度参数数据图。

图 7 – 34 和图 7 – 35 分别为利用该方法解算的飞行目标在 Z 方向的位置和速度的精度参数数据图。

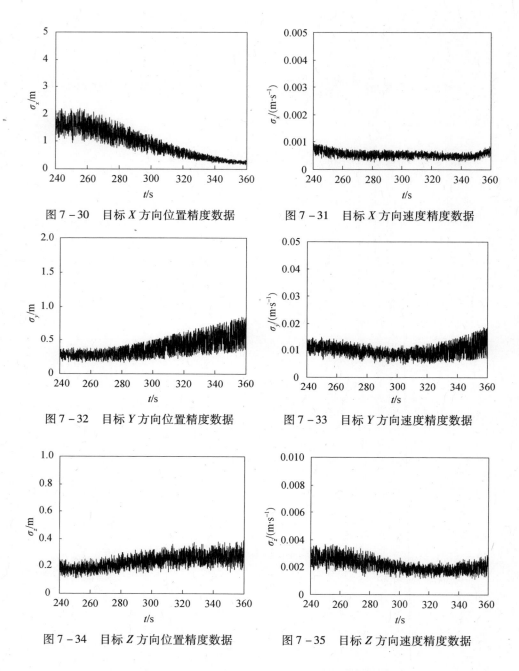

图 7-30　目标 X 方向位置精度数据　　　　图 7-31　目标 X 方向速度精度数据

图 7-32　目标 Y 方向位置精度数据　　　　图 7-33　目标 Y 方向速度精度数据

图 7-34　目标 Z 方向位置精度数据　　　　图 7-35　目标 Z 方向速度精度数据

　　从上述六个精度数据图中可以看出,除 X 方向位置参数精度在一些弧段内存在米级精度外,Y 和 Z 方向位置参数的精度均值可达到厘米级,速度参数均值可达到厘米/秒级,甚至毫米/秒级。

7.2.2.3 结论

该方法的实现有效地去除了部分测元的系统误差和随机误差,减少了不确定因素,提高了数据处理的可信度。虽然上述的量值结果是在一定的射向和布站基础上获取的,但该方法可适用于不同发射情况的分析、计算,在工程应用中可得到有效的应用。

7.2.3 最小二乘改进法

该方法在通过最小化误差平方和的基础上寻找数据的最佳函数匹配,对目标参数进行估值,并对解算出的目标参数反算到测元,对实际测元的差值部分进行有效补偿。

7.2.3.1 最小二乘方法

计算步骤如下:

1) 设初始值数据 $\boldsymbol{X}^0 = (x^0, y^0, z^0, \dot{x}^0, \dot{y}^0, \dot{z}^0)^{\mathrm{T}}$

2) 用初值反算测量元素的近似值 $\dot{s}_i^0$

$$
\begin{aligned}
\dot{s}_i^0 = \dot{r}_i^0 + \dot{r}_0^0 &= \frac{\dot{x}^0(x^0 - x_i) + \dot{y}^0(y^0 - y_i) + \dot{z}^0(z^0 - z_i)}{r_i^0} \\
&+ \frac{\dot{x}^0(x^0 - x_0) + \dot{y}^0(y^0 - y_0) + \dot{z}^0(z^0 - z_0)}{r_0^0}
\end{aligned} \tag{7-25}
$$

$$
r_i^0 = \sqrt{(x^0 - x_i)^2 + (y^0 - y_i)^2 + (z^0 - z_i)^2}
$$

3) 计算误差方程向量

$$
\Delta \boldsymbol{L} = \boldsymbol{L}^0 - \boldsymbol{L} \tag{7-26}
$$

其中 $\boldsymbol{L} = (\dot{s}_1, \dot{s}_2, \cdots, \dot{s}_m)^{\mathrm{T}}$, $\boldsymbol{L}^0 = (\dot{s}_1^0, \dot{s}_2^0, \cdots, \dot{s}_m^0)^{\mathrm{T}}$

4) 误差传播矩阵

$$
\boldsymbol{B} = \begin{bmatrix}
\dfrac{\partial \dot{s}_1(x)}{\partial x} & \dfrac{\partial \dot{s}_1(x)}{\partial y} & \dfrac{\partial \dot{s}_1(x)}{\partial z} & \dfrac{\partial \dot{s}_1(x)}{\partial \dot{x}} & \dfrac{\partial \dot{s}_1(x)}{\partial \dot{y}} & \dfrac{\partial \dot{s}_1(x)}{\partial \dot{z}} \\[2mm]
\dfrac{\partial \dot{s}_2(x)}{\partial x} & \dfrac{\partial \dot{s}_2(x)}{\partial y} & \dfrac{\partial \dot{s}_2(x)}{\partial z} & \dfrac{\partial \dot{s}_2(x)}{\partial \dot{x}} & \dfrac{\partial \dot{s}_2(x)}{\partial \dot{y}} & \dfrac{\partial \dot{s}_2(x)}{\partial \dot{z}} \\[2mm]
\vdots & \vdots & \vdots & \vdots & \vdots & \vdots \\[2mm]
\dfrac{\partial \dot{s}_m(x)}{\partial x} & \dfrac{\partial \dot{s}_m(x)}{\partial y} & \dfrac{\partial \dot{s}_m(x)}{\partial z} & \dfrac{\partial \dot{s}_m(x)}{\partial \dot{x}} & \dfrac{\partial \dot{s}_m(x)}{\partial \dot{y}} & \dfrac{\partial \dot{s}_m(x)}{\partial \dot{z}}
\end{bmatrix}
$$

这里

$$\frac{\partial \dot{s}_i(x)}{\partial x} = \frac{\dot{x} r_0 - u_0 l_0}{r_0^2} + \frac{\dot{x} r_i - u_i l_i}{r_i^2}$$

$$\frac{\partial \dot{s}_i(x)}{\partial y} = \frac{\dot{y} r_0 - u_0 m_0}{r_0^2} + \frac{\dot{y} r_i - u_i m_i}{r_i^2}$$

$$\frac{\partial \dot{s}_i(x)}{\partial z} = \frac{\dot{z} r_0 - u_0 n_0}{r_0^2} + \frac{\dot{z} r_i - u_i n_i}{r_i^2}$$

$$\frac{\partial \dot{s}_i(x)}{\partial \dot{x}} = l_0 + l_i$$

$$\frac{\partial \dot{s}_i(x)}{\partial \dot{y}} = m_0 + m_i$$

$$\frac{\partial \dot{s}_i(x)}{\partial \dot{z}} = n_0 + n_i$$

$$l_i = \frac{\dot{x} - x_i}{r_i}$$

$$m_i = \frac{\dot{y} - y_i}{r_i}$$

$$n_i = \frac{\dot{z} - z_i}{r_i}, i = 1, 2, \cdots, m(测站数)$$

$$u_i = \dot{x}(x - x_i) + \dot{y}(y - y_i) + \dot{z}(z - z_i), \quad i = 1, 2, \cdots, m(测站数)$$

$$r_i = \sqrt{(x - x_i)^2 + (y - y_i)^2 + (z - z_i)^2} \quad i = 1, 2, \cdots, m(测站数)$$

5）目标计算及精度估计

设备跟踪测元精度统计结果：

$$\boldsymbol{P} = \mathrm{diag}(\sigma_{s_1}^2, \sigma_{s_2}^2, \cdots, \sigma_{s_m}^2) \tag{7-27}$$

则

$$\Delta \hat{\boldsymbol{X}} = (\Delta x, \Delta y, \Delta z, \Delta \dot{x}, \Delta \dot{y}, \Delta \dot{z})^T = (\boldsymbol{B}^T \boldsymbol{P}^{-1} \boldsymbol{B})^{-1} \boldsymbol{B}^T \boldsymbol{P}^{-1} \Delta \boldsymbol{L} \tag{7-28}$$

目标位置及速度：

$$\hat{\boldsymbol{X}} = \boldsymbol{X}^0 + \Delta \hat{\boldsymbol{X}} \tag{7-29}$$

目标位置及速度精度：

$$\hat{\boldsymbol{\sigma}}_X = (\boldsymbol{B}^T \boldsymbol{P}^{-1} \boldsymbol{B})^{-1} \tag{7-30}$$

7.2.3.2 方法改进

在典型的最小二乘估计中，均对 $\Delta \hat{\boldsymbol{X}}$ 进行判断和迭代处理。这里，为了更为

140

准确地获取目标实际弹道参数,补偿由于最小二乘线性化后对高次项信息的丢失部分,从测元上对目标弹道计算结果进行补偿,即

将式(7-29)计算出的 $\hat{X}$ 再次反算到测元,即 $\dot{s}_{ia}$,则

$$\Delta \dot{\boldsymbol{S}} = \begin{bmatrix} \dot{s}_1 - \dot{s}_{1a} \\ \dot{s}_2 - \dot{s}_{2a} \\ \vdots \\ \dot{s}_m - \dot{s}_{ma} \end{bmatrix} \qquad (7-31)$$

若 $|\Delta \dot{\boldsymbol{S}}| \leqslant \varepsilon$,则取式(7-29)作为计算的结果,否则,取式(7-29)计算的结果作为初始值,计算

$$\Delta \hat{\boldsymbol{X}} = (\Delta \hat{x}, \Delta \hat{y}, \Delta \hat{z}, \Delta \dot{\hat{x}}, \Delta \dot{\hat{y}}, \Delta \dot{\hat{z}})^{\mathrm{T}} = (\boldsymbol{C}^{\mathrm{T}} \boldsymbol{C})^{-1} \boldsymbol{C}^{\mathrm{T}} \Delta \dot{\boldsymbol{S}} \qquad (7-32)$$

式中:$\boldsymbol{C}$ 为形如 $\boldsymbol{B}$ 的 Jacobi 矩阵,但在 $\boldsymbol{C}$ 中的参数值为式(7-29)中计算的结果数据。

飞行目标参数估计:

$$\hat{\hat{\boldsymbol{X}}} = \hat{\boldsymbol{X}} + \Delta \hat{\boldsymbol{X}} \qquad (7-33)$$

7.2.3.3 实例分析

仿真数据利用标称弹道反算到二主多副测站的测元数据上,在此基础上加入系统误差和随机误差,利用该方法计算目标位置及速度参数,并对其精度进行分析。

图 7-36 和图 7-37 分别为利用该方法解算的飞行目标在 X 方向与标称弹道之间的位置和速度参数比对数据图。

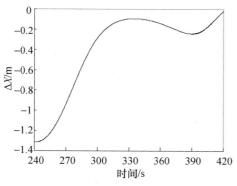

图 7-36 目标 X 方向位置差值数据

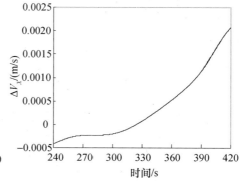

图 7-37 目标 X 方向速度差值数据

从图 7 – 36 和图 7 – 37 中可以看出,位置差值在 – 1. 315 ~ – 0. 095m 范围内;速度差值在 – 0. 000m/s ~ 0. 002m/s 范围内。

图 7 – 38 和图 7 – 39 分别为利用该方法解算的飞行目标在 Y 方向与标称弹道之间的位置和速度参数比对数据图。

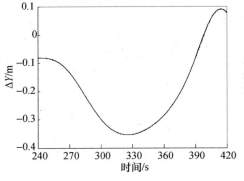

图 7 – 38　目标 Y 方向位置差值数据　　　图 7 – 39　目标 Y 方向速度差值数据

从图 7 – 38 和图 7 – 39 中可以看出,位置差值在 – 0. 351 ~ 0. 080m 范围内;速度差值在 0. 003 ~ 0. 009m/s 范围内。

图 7 – 40 和图 7 – 41 分别为利用该方法解算的飞行目标在 Z 方向与标称弹道之间的位置和速度参数比对数据图。

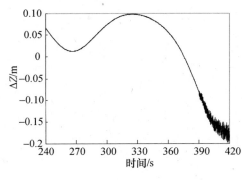

图 7 – 40　目标 Z 方向位置差值数据　　　图 7 – 41　目标 Z 方向速度差值数据

从图 7 – 40 和图 7 – 41 中可以看出,位置差值在 – 0. 189 ~ 0. 100m 范围内;速度差值在 – 0. 002 ~ – 0. 001m/s 范围内。

图 7 – 42 和图 7 – 43 分别为飞行目标在 X 方向的位置和速度精度数据图。

图 7 – 44 和图 7 – 45 分别为飞行目标在 Y 方向的位置和速度的精度数据图。

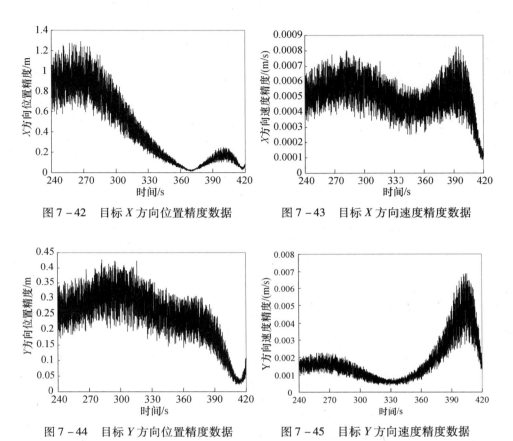

图 7 - 42　目标 X 方向位置精度数据　　　图 7 - 43　目标 X 方向速度精度数据

图 7 - 44　目标 Y 方向位置精度数据　　　图 7 - 45　目标 Y 方向速度精度数据

图 7 - 46 和图 7 - 47 分别为飞行目标在 Z 方向的位置和速度的精度数据图。

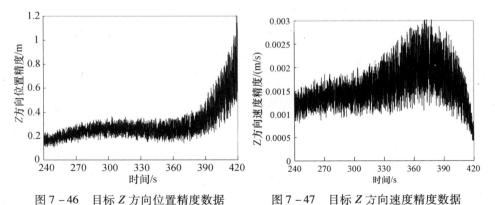

图 7 - 46　目标 Z 方向位置精度数据　　　图 7 - 47　目标 Z 方向速度精度数据

从图 7 - 42 ~ 图 7 - 47 中可以看出,其位置参数的精度可达到厘米级,速度参数的精度均值更好。

7.2.3.4 结论

利用最小二乘改进法可以有效地对线性化后丢失的高频数据部分进行有效补偿,获取更为准确的飞行器目标参数,使计算出的目标参数更加贴近实际飞行情况,为飞行试验测量提供了可靠的数据处理结果。

7.2.4 样条约束法

由于火箭/导弹的飞行弹道是有规律的,在时序上是相关的,因此可用时间函数精确表示,例如,多项式、样条函数等。根据多测速测量系统测量体制的基本原理,可利用样条函数来描述弹道特性,即将多个采样时刻的测量方程进行融合,建立关于样条函数参数方程组,可以大量压缩待估参数数量,提高弹道估算的精度和稳定性。

7.2.4.1 样条函数

设在时间段$[a,b]$区间,弹道三个坐标位置分量分别选定 N_x、N_y、N_z 个内节点:

$$K_x^N x : a < t_{x,1} < t_{x,2} < \cdots < t_{x,N_x} < b$$
$$K_y^N y : a < t_{y,1} < t_{y,2} < \cdots < t_{y,N_y} < b$$
$$K_z^N z : a < t_{z,1} < t_{z,2} < \cdots < t_{z,N_z} < b$$

则弹道参数可表示为

$$
\begin{cases}
x(t) = \displaystyle\sum_{j=-2}^{N_x-1} \beta_{x,j} B_{4,j}(K_x^N x, t) \\[2mm]
\dot{x}(t) = \displaystyle\sum_{j=-2}^{N_x-1} \beta_{x,j} \dot{B}_{4,j}(K_x^N x, t) \\[2mm]
y(t) = \displaystyle\sum_{j=-2}^{N_y-1} \beta_{y,j} B_{4,j}(K_y^N y, t) \\[2mm]
\dot{y}(t) = \displaystyle\sum_{j=-2}^{N_y-1} \beta_{y,j} \dot{B}_{4,j}(K_y^N y, t) \\[2mm]
z(t) = \displaystyle\sum_{j=-2}^{N_z-1} \beta_{z,j} B_{4,j}(K_z^N z, t) \\[2mm]
\dot{z}(t) = \displaystyle\sum_{j=-2}^{N_z-1} \beta_{z,j} \dot{B}_{4,j}(K_z^N z, t)
\end{cases}
\tag{7-34}
$$

式中：$B_{4,j}(K,t)$ 为三次 B 样条函数基；$\{\beta_{x,j}\}_{-2}^{N_x-1}$、$\{\beta_{y,j}\}_{-2}^{N_y-1}$、$\{\beta_{z,j}\}_{-2}^{N_z-1}$ 为未知的待估系数。

7.2.4.2 计算模型

主站发射连续波信号，经箭上应答机转发，由地面多个副站（$M\geqslant6$）雷达接收转发信号并测量多普勒频率，从而获得多个径向速度信息。测量方程如下：

$$\dot{S}_i(t) = \dot{R}_i(t) + \dot{R}_0(t) + U_i(t) + e_j(t), i=1,2,\cdots,M$$

式中：$i=0$ 表示主站，$i=1,2,\cdots,M$ 表示 M 个副站，$e_i(t)$ 为第 i 个测量元素的随机误差序列。

$$\dot{R}_i(t) = \frac{\dot{x}(t)(x(t)-x_i) + \dot{y}(t)(y(t)-y_i) + \dot{z}(t)(z(t)-z_i)}{R_i(t)}$$

$$R_i(t) = ((x(t)-x_i)^2 + (y(t)-y_i)^2 + (z(t)-z_i)^2)^{1/2}$$

(x_i,y_i,z_i) 为第 i 个测站的站址坐标，$U_i(t)$ 为第 i 个测量元素的系统误差模型。

令

$$B_x(t) = (B_{4,-2}(K_x^N x,t), B_{4,-1}(K_x^N x,t),\cdots,B_{4,N_x-1}(K_x^N x,t))$$

$$B_y(t) = (B_{4,-2}(K_y^N y,t), B_{4,-1}(K_y^N y,t),\cdots,B_{4,N_y-1}(K_y^N y,t))$$

$$B_z(t) = (B_{4,-2}(K_z^N z,t), B_{4,-1}(K_z^N z,t),\cdots,B_{4,N_z-1}(K_z^N z,t))$$

$$\boldsymbol{b}_x = (\beta_{x,-2},\beta_{x,-1},\cdots,\beta_{x,N_x-1})^T$$

$$\boldsymbol{b}_y = (\beta_{y,-2},\beta_{y,-1},\cdots,\beta_{y,N_y-1})^T$$

$$\boldsymbol{b}_z = (\beta_{z,-2},\beta_{z,-1},\cdots,\beta_{z,N_z-1})^T$$

则式（7-34）可表示为

$$x(t) = B_x(t)\boldsymbol{b}_x \quad \dot{x}(t) = \dot{B}_x(t)\boldsymbol{b}_x$$

$$y(t) = B_y(t)\boldsymbol{b}_y \quad \dot{y}(t) = \dot{B}_y(t)\boldsymbol{b}_y$$

$$z(t) = B_z(t)\boldsymbol{b}_z \quad \dot{z}(t) = \dot{B}_z(t)\boldsymbol{b}_z$$

记

$$\boldsymbol{b} = (\boldsymbol{b}_x^T,\boldsymbol{b}_y^T,\boldsymbol{b}_z^T)^T$$

得

$$\dot{S}_i(b,t) = \dot{R}_i(b,t) + \dot{R}_0(b,t) + U_i(t) + e_i(t), i=1,2,\cdots,M$$

上式建立了关于测量数据与样条系数 b 和系统误差系数的方程，在整个时间段 $[a,b]$ 内，b 是一个常向量，不随时间 t 变化，因此，可以将 $[a,b]$ 内所有采样点的测量方程联力求解样条系数 b，再求出弹道参数：

$$\boldsymbol{X}(t) = (x,y,z,\dot{x},\dot{y},\dot{z})$$

令

$$Y(t) = (\dot{S}_1(t), \dot{S}_2(t), \cdots, \dot{S}_M(t))^{\mathrm{T}}$$

$$G(b,t) = (\dot{R}_1(b,t) + \dot{R}_0(b,t), \dot{R}_2(b,t) + \dot{R}_0(b,t), \cdots, \dot{R}_M(b,t) + \dot{R}_0(b,t))^{\mathrm{T}}$$

$$e(t) = (e_1(t), e_2(t), \cdots, e_M(t))^{\mathrm{T}}$$

$$U(t) = (U_1(t), U_2(t), \cdots, U_M(t))^{\mathrm{T}}$$

$$Y = (Y(t_1)^{\mathrm{T}}, Y(t_2)^{\mathrm{T}}, \cdots, Y(t_N)^{\mathrm{T}})^{\mathrm{T}}$$

$$F(b) = (G(b,t_1)^{\mathrm{T}}, G(b,t_2)^{\mathrm{T}}, \cdots, G(b,t_N)^{\mathrm{T}})^{\mathrm{T}}$$

$$U = (U(t_1)^{\mathrm{T}}, U(t_2)^{\mathrm{T}}, \cdots, U(t_N)^{\mathrm{T}})^{\mathrm{T}}$$

$$e = (e(t_1)^{\mathrm{T}}, e(t_2)^{\mathrm{T}}, \cdots, e(t_N)^{\mathrm{T}})^{\mathrm{T}}$$

则,在时间段 $[a,b]$ 内, N 个采样点的 $N \times M$ 个测量方程的联立可写成

$$Y = F(b,U) + e$$

上式即为基于样条表示的多测速雷达弹道计算模型,用向量的形式表示出在时间段 $[a,b]$ 内所有测量数据和样条函数系数 b 与系统误差系数 U 的关系。利用样条函数,可大幅度减少待估参数,增加观测数据冗余量,从而可以较大幅度提高弹道估计的精度和算法本身的稳定性,同时还明显降低弹道参数的随机误差。

对于上式的求解,可利用非线性最小二乘估计法。

令

$$Q(b,U) = \| Y - F(b,U) \|_2^2$$

则 b 与 U 的最小二乘估计为 $\hat{b}$ 与 $\hat{U}$:

$$Q(\hat{b}, \hat{U}) = \min_{\substack{N_x + N_y + N_z + 6 \\ b \in R}} Q(b,U)$$

7.2.4.3 实例分析

仿真数据利用某次发射的射向和布站情况,通过标称弹道反算到二主多副测站的测元数据上,在此基础上加入系统误差和随机误差,利用样条约束方法计算目标位置及速度参数。

图 7 – 48 和图 7 – 49 分别为利用该方法解算的飞行目标在 X 方向与标称弹道之间的位置和速度参数比对数据图。

从图 7 – 48 和图 7 – 49 中可以看出,位置差值在 – 1.0 ~ 1.0m 范围内;速度差值在 – 0.05 ~ 0.08m/s 范围内。

图 7 – 50 和图 7 – 51 分别为利用该方法解算的飞行目标在 Y 方向与标称弹道之间的位置和速度参数比对数据图。

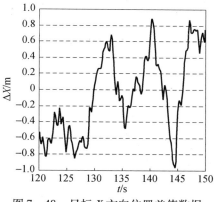

图 7 - 48　目标 X 方向位置差值数据

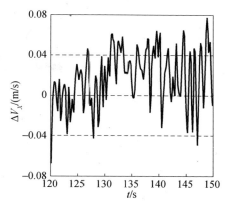

图 7 - 49　目标 X 方向速度差值数据

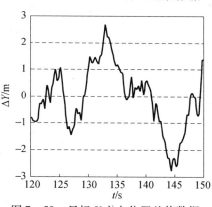

图 7 - 50　目标 Y 方向位置差值数据

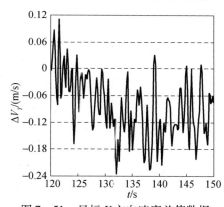

图 7 - 51　目标 Y 方向速度差值数据

从图 7 - 50 和图 7 - 51 中可以看出,位置差值在 - 3.0 ~ 3.0m 范围内;速度差值在 - 0.24 ~ 0.12m/s 范围内。

图 7 - 52 和图 7 - 53 分别为利用该方法解算的飞行目标在 Z 方向与标称弹道之间的位置和速度参数比对数据图。

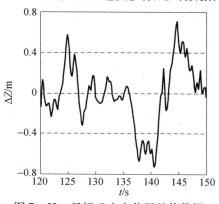

图 7 - 52　目标 Z 方向位置差值数据

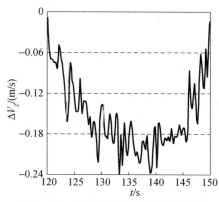

图 7 - 53　目标 Z 方向速度差值数据

从图 7-52 和图 7-53 中可以看出,位置差值在 -0.8~0.8m 范围内;速度差值在 -0.24~0.0m/s 范围内。

7.2.4.4 结论

该方法的实质是通过样条函数表示弹道,把长时间段的飞行目标速度观测数据融合起来,将多个时刻大量弹道参数的计算问题转化为一个关于少量样条函数系数估计的非线性回归问题。该方法的实现使得在相同观测数据量下,大大减少了待估参数个数,增加了数据冗余量,改善了误差传播特性,从而提高了弹道参数估计和计算方法的稳定性。

7.3 布站结构的影响分析与评估

布站几何的不同,将直接影响到跟踪测量设备性能的发挥和利用,进而影响到该设备所提供的各种测量结果以及外弹道数据处理的定位精度。根据高精度测速系统的布站几何情况、构造分析飞行目标参数精度的函数模型,同时从目标至主站与副站的夹角及布站基线视角出发,全面考虑布站对飞行目标参数的影响。

7.3.1 仿真数据的获取

以一主三幅测量体制为例,设 (x_{0i}, y_{0i}, z_{0i}), $i = 1, 2, 3, 4$ 分别为四个测站在发射坐标下的坐标;$(x(t), y(t), z(t), \dot{x}(t), \dot{y}(t), \dot{z}(t))$ 为目标在发射坐标系下的标称弹道位置、速度数据;$(\dot{s}'_1(t), \dot{s}'_2(t), \dot{s}'_3(t), \dot{s}'_4(t))$ 分别为由发射坐标系下的理论弹道反算到四个测站的测元数据,则可以得到 t 时刻测速元素与目标飞行轨迹参数之间的关系

$$\begin{bmatrix} \dot{s}'_1(t) & \dot{s}'_2(t) & \dot{s}'_3(t) & \dot{s}'_4(t) \end{bmatrix}^{\mathrm{T}}$$

$$= \dot{r}_0(t) + \begin{bmatrix} \dot{r}_1(t) & \dot{r}_2(t) & \dot{r}_3(t) & \dot{r}_4(t) \end{bmatrix}^{\mathrm{T}} \qquad (7-35)$$

式中 $\dot{r}_i(t) = \dfrac{\dot{x}(t)(x(t) - x_{0i}) + \dot{y}(t)(y(t) - y_{0i}) + \dot{z}(t)(z(t) - z_{0i})}{r_i(t)}$;

$r_i(t) = \sqrt{(x(t) - x_{0i})^2 + (y(t) - y_{0i})^2 + (z(t) - z_{0i})^2}$。

在式(7-35)中加入测量设备系统误差($\dot{s}_{si}$)和随机误差($\dot{s}_{ri}(t)$),形成模拟数据测元,则

$$\dot{s}_i(t) = \dot{s}'_i(t) + \dot{s}_{si} + \dot{s}_{ri}(t) \qquad (7-36)$$

7.3.2 数据处理精度分析

1）三个测站组合计算分析模型

$$\begin{cases} \dot{s}_1(t) = \dot{r}_0(t) + \dot{r}_1(t) = 2\dfrac{\dot{x}(t)(x(t)-x_{01}) + \dot{y}(t)(y(t)-y_{01}) + \dot{z}(t)(z(t)-z_{01})}{r_1(t)} \\[3mm] \dot{s}_2(t) - \dfrac{\dot{s}_1(t)}{2} = \dfrac{\dot{x}(t)(x(t)-x_{02}) + \dot{y}(t)(y(t)-y_{02}) + \dot{z}(t)(z(t)-z_{02})}{r_2(t)} \\[3mm] \dot{s}_3(t) - \dfrac{\dot{s}_1(t)}{2} = \dfrac{\dot{x}(t)(x(t)-x_{03}) + \dot{y}(t)(y(t)-y_{03}) + \dot{z}(t)(z(t)-z_{03})}{r_3(t)} \end{cases}$$

$$(7-37)$$

式(7-37)可写成

$$\begin{bmatrix} \dot{x}(t) \\ \dot{y}(t) \\ \dot{z}(t) \end{bmatrix} = \boldsymbol{A} \cdot \begin{bmatrix} \dfrac{\dot{s}_1(t)r_1(t)}{2} \\[3mm] r_2(t)\left(\dot{s}_2(t) - \dfrac{\dot{s}_1(t)}{2}\right) \\[3mm] r_3(t)\left(\dot{s}_3(t) - \dfrac{\dot{s}_1(t)}{2}\right) \end{bmatrix} \qquad (7-38)$$

式中（为便于书写方便，在下面数学模型中去掉时标 t），

$$\boldsymbol{A} = \begin{bmatrix} x-x_{01} & y-y_{01} & z-z_{01} \\ x-x_{02} & y-y_{02} & z-z_{02} \\ x-x_{03} & y-y_{03} & z-z_{03} \end{bmatrix}^{-1} \overset{\Delta}{=} \begin{bmatrix} a & b & c \\ d & e & f \\ g & h & i \end{bmatrix}$$

依照误差传递定律，精度可写成

$$\begin{bmatrix} \sigma_{\dot{x}} \\ \sigma_{\dot{y}} \\ \sigma_{\dot{z}} \end{bmatrix} = \begin{bmatrix} [(\partial\dot{x}/\partial\dot{s}_1)^2 \cdot \sigma_{\dot{s}_1}^2 + (\partial\dot{x}/\partial\dot{s}_2)^2 \cdot \sigma_{\dot{s}_2}^2 + (\partial\dot{x}/\partial\dot{s}_3)^2 \cdot \sigma_{\dot{s}_3}^2]^{\frac{1}{2}} \\ [(\partial\dot{y}/\partial\dot{s}_1)^2 \cdot \sigma_{\dot{s}_1}^2 + (\partial\dot{y}/\partial\dot{s}_2)^2 \cdot \sigma_{\dot{s}_2}^2 + (\partial\dot{y}/\partial\dot{s}_3)^2 \cdot \sigma_{\dot{s}_3}^2]^{\frac{1}{2}} \\ [(\partial\dot{z}/\partial\dot{s}_1)^2 \cdot \sigma_{\dot{s}_1}^2 + (\partial\dot{z}/\partial\dot{s}_2)^2 \cdot \sigma_{\dot{s}_2}^2 + (\partial\dot{z}/\partial\dot{s}_3)^2 \cdot \sigma_{\dot{s}_3}^2]^{\frac{1}{2}} \end{bmatrix}$$

$$(7-39)$$

式中：

$$\begin{bmatrix} \partial\dot{x}/\partial\dot{s}_1 & \partial\dot{x}/\partial\dot{s}_2 & \partial\dot{x}/\partial\dot{s}_3 \\ \partial\dot{y}/\partial\dot{s}_1 & \partial\dot{y}/\partial\dot{s}_2 & \partial\dot{y}/\partial\dot{s}_3 \\ \partial\dot{z}/\partial\dot{s}_1 & \partial\dot{z}/\partial\dot{s}_2 & \partial\dot{z}/\partial\dot{s}_3 \end{bmatrix} = \begin{bmatrix} \frac{1}{2}(ar_1 - br_2 - cr_3) & \frac{1}{2}(dr_1 - er_2 - fr_3) & \frac{1}{2}(gr_1 - hr_2 - ir_3) \\ br_2 & er_2 & hr_2 \\ cr_3 & fr_3 & ir_3 \end{bmatrix}$$

2）四个测站组合计算分析模型

此类组合计算分析模型已在前面进行了阐述，在此不再赘述。

7.3.3 精度几何因子分析

描述定位精度的三维几何分布情况通常利用精度几何因子 GDOP,可以描述为
$$GDOP = (\sigma_{\dot{x}}^2 + \sigma_{\dot{y}}^2 + \sigma_{\dot{z}}^2)^{1/2} \qquad (7-40)$$
式中:$\sigma_{\dot{x}}$,$\sigma_{\dot{y}}$,$\sigma_{\dot{z}}$ 为目标在空间的三维速度精度。

测量精度最高所对应的站址称最优布站几何,此时,精度几何因子最小,即由测元到弹道参数转换时误差传播系数最小。

7.3.4 目标至主、副站的夹角对目标参数精度影响

理论上讲,在基线长度一定的情况下,若目标至主站、副站连线的夹角(实际跟踪测量中,其夹角小于90°)大,则轨道测量精度高。目标至主站、副站连线的夹角余弦:
$$\cos\varphi = \frac{l_z^2 + l_f^2 - D^2}{2l_z l_f} \qquad (7-41)$$

式中:l_z 为主站至目标的径向距离;l_f 为副站至目标的径向距离;D 为主站与副站的基线值。

要想达到飞行目标参数最好的精度,在计算中必须寻找到一个 $\cos\varphi^*$ 使
$$\cos\varphi^* = \min\cos\varphi \qquad (7-42)$$

7.3.5 基线对目标参数精度影响

测站之间基线的选择,在数据处理中起着非常关键的作用,它直接影响到数据处理的精度。为了高精度地获取数据处理结果,通常选择主基线(目标航迹几乎垂直穿越的基线)进行数据处理。图 7-54 为高精度测速系统设备布站示意图。

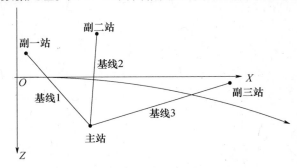

图 7-54 多测速系统布站示意图

150

图 7 – 54 中, O 为发射原点, X 轴指向发射方向。从图中可以看出, 目标航迹在不同的任务弧段穿越不同的基线, 这种穿越选择也几乎确定了不同任务弧段选取相应的布站设备进行数据处理, 以期提高数据处理精度。

7.3.6 测站布站分析实例

采用某次测量的站址及射向进行仿真计算。图 7 – 55 ~ 图 7 – 57 分别为不同测站组合计算的各分量速度精度参数, 图 7 – 58 为对应的 GDOP 因子曲线。

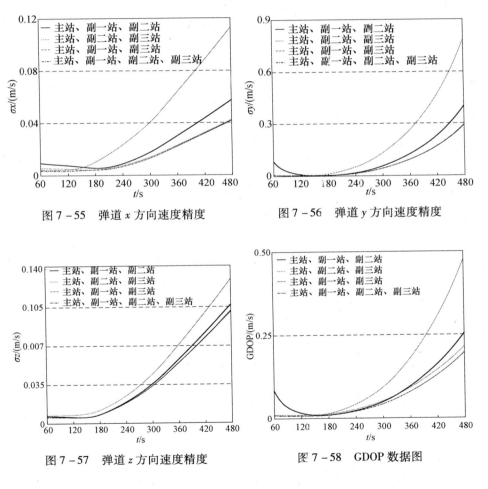

图 7 – 55　弹道 x 方向速度精度　　　　图 7 – 56　弹道 y 方向速度精度

图 7 – 57　弹道 z 方向速度精度　　　　图 7 – 58　GDOP 数据图

从图 7 – 55 ~ 图 7 – 57 中可以看出三种三站组合后的整体精度情况:主站、副二站和副三站组合精度最好,主站、副一站和副二站组合精度次之,主站、副一站和副三站组合精度再次之。这个结论的得出,有助于在数据处理中进行有效的舍取。自然,最好的是主站和三个副站数据融合后的精度,它依托于冗余的测量数据,使得测量结果更加趋近于实际飞行情况。表7-1描述了不同时间段的组合精度情况。

表7-1　不同时间段不同组合效果比对表

时间段/s	最好的精度组合	较好的精度组合	最差的精度组合
60~125	主站、副一站、副三站	主站、副二站、副三站	主站、副一站、副二站
125~138	主站、副一站、副三站	主站、副一站、副二站	主站、副二站、副三站
138~155	主站、副一站、副二站	主站、副一站、副三站	主站、副二站、副三站
155~280	主站、副一站、副二站	主站、副二站、副三站	主站、副一站、副三站
280~400	主站、副二站、副三站	主站、副一站、副二站	主站、副一站、副三站

上述分析结果,仅局限于不同组合后的效果分析。下面针对各副站具体布站情况,利用目标至主站与副站夹角对目标参数精度影响分析的原则,分析各副站分布对目标精度的影响,以期获取更为准确的定量结果。

图7-59为目标至主站及各测站的夹角数据比对图。

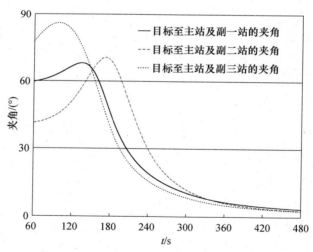

图7-59　目标至主站及各测站的夹角

结合图7-58进行对照分析。表7-2中的最好精度组合的目标至主站、副站夹角情况与表7-1中的结果相互吻合。证实了在基线长度一定的情况下,若目标至主站、副站连线的夹角大,则轨道测量精度高的结论。当∠1≈∠2≈∠3时,目标测速精度最高;当目标至主站和副站的夹角逐渐变大时,目标参数精度逐渐变高,即GDOP逐渐变小。

表 7 – 2 最好精度组合情况的目标至主站、副站夹角比对表

时间段/s	最好精度组合的目标至主站、副站夹角比对
60 ~ 125	∠3 > ∠1 > ∠2
125 ~ 138	∠1 > ∠3 > ∠2
138 ~ 155	∠2 > ∠1 > ∠3
155 ~ 280	∠2 > ∠1 > ∠3
280 ~ 400	∠1 > ∠2 > ∠3

注：∠1 为目标至主站、副一站夹角，∠2 为目标至主站、副二站夹角，∠3 为目标至主站、副三站夹角

结合 GDOP 结果、基线及目标至主站及各副站的夹角情况可以看出，当目标航迹由进入跟踪时刻起到通过主站之前，由于目标远离副一站和副二站，故主站与副一站和副二站的组合估计精度差，而与副三站组合估计的精度高；之后，目标航迹在主站与副一站的基线和主站与副二站的基线之间穿越，故主站与副一站和副二站的组合估计精度最好；当目标穿越所有基线后，则可以利用目标至主站和副站的夹角大小进行组合估计精度的判定。利用此分析原理，同样可以得出其他组合估计的精度情况。可以得出，在基线一定的情况下，目标逐渐远离基线时，则目标参数精度逐渐变小，即 GDOP 逐渐变大。

7.3.7 结论

本节以常用的一主三副测量体制为例，针对目前高精度测速系统布站情况，提出一种基于测站数据组合的目标参数计算分析方法，以几何因子 GDOP 为度量标准，建立布站情况分析的数学模型。通过目标至主站和各副站的夹角情况，构造最小最大评价函数，同时根据基线情况，建立评价原则，分析其布站对目标参数精度的影响。此分析结果为实时数据的可靠性分析及外测事后数据处理精度分析提供技术支持。

参考文献

[1] 韩秀国,王国平,王志丹,等. 多站多普勒测速定轨体制的发展与改进[J]. 现代雷达. 2005,12(12):8 – 10.

[2] 叶正茂,甘友谊,陈伟利. LD – 3701 测速雷达系统误差诊断与修正[J],导弹试验技术, 2004(2):45 – 48.

[3] 王正明. 易东云. 弹道跟踪数据的校准与评估[M]. 长沙:国防科技大学出版社,1999.

[4] 李岳生. 齐东旭. 样条函数方法[M]. 北京:科学出版社,1979.

[5] 刘钦圣. 最小二乘问题计算方法[M]. 北京:北京工业大学出版社,1989.

[6] 刘利生. 外测数据事后处理[M]. 北京:国防工业出版社,2000.

[7] 王正明,朱矩波. 弹道跟踪数据的节省参数模型及应用[J]. 中国科学:E 辑,1999,29
(2):146 – 154.

[8] 王正明,易东云. 测量数据建模与参数估计[M]. 长沙:国防科技大学出版社,1996:53 – 67.

[9] 王敏,胡绍林,安振军. 外弹道测量数据误差影响分析技术及应用[M]. 北京:国防工业
出版社,2008.

[10] 陈伟利,叶正茂,李颢. 关于外测新体制的一些分析与思考[J]. 北京:飞行器测控学
报,2004,23(4):7 – 15.

[11] 陈伟玉,陈伟利,叶正茂. 样条约束 EMBET 中最优化问题与算法改进[J]. 北京装备指
挥技术学院学报,2002,13(4):86 – 89.

[12] 赵文策,周海银,段晓军. 基于测角元和高程信息融合的弹道定位求速[J]. 弹道学报,
2004,16(2):27 – 30.

[13] 朱矩波,王正明. 测速定轨的实时算法[J]. 宇航学报,2001,22(6):119 – 123.

[14] 邵长林. 多站连续波雷达的测速定轨方法及应用[J]. 宇航学报, 2001 (6):10 – 14.

[15] 邵长林. 多站连续波雷达测速定轨技术在靶场的应用[C]. 航天测控技术研究会,2000.

[16] 李庆扬,关治,白峰杉. 数值计算原理[M]. 北京:清华大学出版社,2002.

[17] 陈伟利,邵长林,叶正茂. 全测速测元弹道计算的数据融合算法与应用[J]. 飞行器测控
学报,2003,22(4):32 – 36.

[18] 陈伟利,叶正茂,李颢. 多测速体制下弹道数据融合的几个问题[J]. 导弹试验技术,
2005(4):42 – 46.

[19] 李颢,陈伟利. 测速体制下测元误差对弹道参数的精度影响分析[J]. 导弹试验技术,
2005(2):42 – 45.

[20] 陈伟利,叶正茂,李颢. 全测速多站系统的最优布站问题与数值算法[J]. 飞行器测控
学报,2005,24(6):59 – 62.

[21] 胡东华,郭军海,李本津. 测速雷达电波折射简易修正方法及精度分析[J]. 飞行器测控
学报,2003,22(3):17 – 21.

[22] LD – 3702/3703 高精度测速雷达系统研制说明书[G]. 郑州:电子部 27 所. 2007.

[23] 崔书华,宋卫红,王敏,等. 测速系统测量数据融合算法研究及应用[J]. 弹箭与制导学
报,2011,31(5):161 – 164.

[24] 崔书华,胡绍林,王敏,等. 多测速系统测速差分计算及误差分析[J]. 飞行力学,2011,6
(29):89 – 93.

[25] 崔书华,胡绍林,宋卫红,等. 基于多测速系统最优弹道估计方法及应用[J]. 弹箭与制
导学报,2012,(32)4:215 – 218.

[26] 崔书华,宋卫红,胡绍林,等. 测速系统布站对外弹道数据处理精度影响分析[J]. 飞行
力学,2012,30(2):189 – 192.

[27] 郭军海,吴正容,黄学德,等. 多测速雷达弹道测量体制研究[J]. 飞行器测控学报,
2002,21(3):5 – 11.

[28] 崔书华,胡绍林,宋卫红,等. 多测速系统测量数据差分非线性求解及应用[J]. 导弹与
航天运载技术,2013,2(325):64 – 67.

154

第8章
测速系统与其他测量系统数据融合

在外弹道测控网中具有与测速跟踪测量系统精度相当的跟踪测量设备,如光学跟踪测量系统、GNSS 测量系统。为了使弹道确定拥有有效的冗余测量数据,也为提高外弹道的数据处理精度,将高精度多测速系统测量数据与光学测量数据、GNSS 测量数据,以及其他跟踪测量设备的测量数据进行有效融合,以期获取高精度的目标飞行弹道数据参数。本章主要介绍在实际数据处理中最基础的几种融合算法。

8.1 多测速系统与光学测量系统测量数据融合

8.1.1 光学测量数据简介

在航天测控过程中,因光测系统测量精度高、直观性强、性能稳定、不受"黑障"和地面杂波干扰的影响等特点而受到青睐。尽管光测系统存在着跟踪距离短(相对雷达而言)和容易受天气影响(阴雨天难以获取数据,有云时容易丢失目标)等局限性,但在世界各国光测系统依然独占半壁江山,是导弹和航天器发射场测控网的主要构成部分之一,对于高精度确定飞行器弹道/姿态、分析航天器测控精度和评估试验质量、鉴定测控网其他设备跟踪性能,以及分离运载工具制导系统误差,都具有重要作用。

光学跟踪测量的主要功能是测定运载火箭和航天器等目标飞行器任一时刻相对于设备主光轴中心的径向距离、相对于测站坐标系的方位角和俯仰角测元数据。光学跟踪测量数据处理的目的是利用上述测元数据,确定飞行器在三维空间中的位置、运动速度和加速度,以及弹道的变化特征。具体地,通过判读系统对成像结果进行读取后,对系统误差进行修正,并采用适当的数学模型、数学方法、数据处理算法和误差分析技术,甄别和修复异常数据、消除或尽可能削弱随机误差的影响,确定飞行器在跟踪弧段内弹道参数。

155

由于光测测量体制测元拥有较高的测量精度,这为与高精度多测速系统测元的融合带来了很好的使用价值。

8.1.2 数据融合模型

设 $\dot{r}_0$、$\dot{r}_1$ 分别为主站发送、接收距离变化率,$\dot{r}_2,\dot{r}_3,\cdots,\dot{r}_n$ 为副站接收距离变化率。$\dot{s}_1$ 为主站测速数据,$\dot{s}_2,\dot{s}_3,\cdots,\dot{s}_n$ 为副站测速数据,则可以建立联合测量方程:

$$\dot{S}_i = \dot{R}_0 + \dot{R}_i \tag{8-1}$$

式中:$\dot{R}_i = \dfrac{\dot{x}(x-x_i) + \dot{y}(y-y_i) + \dot{z}(z-z_i)}{R_i}$;$R_i = \sqrt{(x-x_i)^2 + (y-y_i)^2 + (z-z_i)^2}$;

x,y,z 为目标位置分量,$\dot{x},\dot{y},\dot{z}$ 为目标速度分量。

设光学跟踪测量数据为 R,E,A,则目标参数估计计算步骤如下:

1) 用初值 $X^0 = (x^0,y^0,z^0,\dot{x}^0,\dot{y}^0,\dot{z}^0)$ 反算各测元数据

(1) 用初值反算光学跟踪测量系统在发射坐标系中测量量的近似值:

$$\begin{cases} R^0 = ((x^0-x_0)^2 + (y^0-y_0)^2 + (z^0-z_0)^2)^{\frac{1}{2}} \\[2mm] A^0 = \arctan\dfrac{z^0-z_0}{x^0-x_0} + \begin{cases} 0, x^0-x_0>0, z^0-z_0 \geq 0 \\[1mm] \pi, x^0-x_0<0 \\[1mm] 2\pi, x^0-x_0>0, z^0-z_0<0 \end{cases} \\[6mm] E^0 = \arcsin\dfrac{y^0-y_0}{R^0} \end{cases}$$

(2) 用初值反算各高精度多测速系统在发射坐标系中测量量的近似值:

$$\dot{S}_i^0 = \dot{R}_i^0 + \dot{R}_0^0 = \frac{\dot{x}^0(x^0-x_i) + \dot{y}^0(y^0-y_i) + \dot{z}^0(z^0-z_i)}{R_i^0}$$
$$+ \frac{\dot{x}^0(x^0-x_0) + \dot{y}^0(y^0-y_0) + \dot{z}^0(z^0-z_0)}{R_0^0}, \quad i=1,2,\cdots,m \tag{8-2}$$

令

$$L^0 = (\dot{S}_1^0, \dot{S}_2^0, \cdots, \dot{S}_m^0, R^0, E^0, A^0)^{\mathrm{T}}, L = (\dot{S}_1, \dot{S}_2, \cdots, \dot{S}_m, R, E, A)^{\mathrm{T}}$$

2) 计算误差方程自由项向量和误差方程系数矩阵:

$$\Delta L = L^0 - L \tag{8-3}$$

$$\boldsymbol{B} = \begin{bmatrix} \dfrac{\partial \dot{S}_1}{\partial x} & \dfrac{\partial \dot{S}_1}{\partial y} & \dfrac{\partial \dot{S}_1}{\partial z} & \dfrac{\partial \dot{S}_1}{\partial \dot{x}} & \dfrac{\partial \dot{S}_1}{\partial \dot{y}} & \dfrac{\partial \dot{S}_1}{\partial \dot{z}} \\[2mm] \dfrac{\partial \dot{S}_2}{\partial x} & \dfrac{\partial \dot{S}_2}{\partial y} & \dfrac{\partial \dot{S}_2}{\partial z} & \dfrac{\partial \dot{S}_2}{\partial \dot{x}} & \dfrac{\partial \dot{S}_2}{\partial \dot{y}} & \dfrac{\partial \dot{S}_2}{\partial \dot{z}} \\[2mm] \vdots & \vdots & \vdots & \vdots & \vdots & \vdots \\[2mm] \dfrac{\partial \dot{S}_m}{\partial x} & \dfrac{\partial \dot{S}_m}{\partial y} & \dfrac{\partial \dot{S}_m}{\partial z} & \dfrac{\partial \dot{S}_m}{\partial \dot{x}} & \dfrac{\partial \dot{S}_m}{\partial \dot{y}} & \dfrac{\partial \dot{S}_m}{\partial \dot{z}} \\[2mm] \dfrac{\partial R}{\partial x} & \dfrac{\partial R}{\partial y} & \dfrac{\partial R}{\partial z} & 0 & 0 & 0 \\[2mm] \dfrac{\partial E}{\partial x} & \dfrac{\partial E}{\partial y} & \dfrac{\partial E}{\partial z} & 0 & 0 & 0 \\[2mm] \dfrac{\partial A}{\partial x} & \dfrac{\partial A}{\partial y} & \dfrac{\partial A}{\partial z} & 0 & 0 & 0 \end{bmatrix}_{X = X^0}$$

3）协方差阵估计

$$\boldsymbol{P} = \mathrm{diag}\left(\sigma_{S_1}^2 \quad \sigma_{S_2}^2 \quad \cdots \quad \sigma_{S_m}^2 \sigma_R^2 \quad \sigma_E^2 \quad \sigma_A^2 \right)$$

4）目标位置和速度参数

$$\Delta \boldsymbol{X} = (\delta x, \delta y, \delta z, \delta \dot{x}, \delta \dot{y}, \delta \dot{z})^{\mathrm{T}} = (\boldsymbol{B}^{\mathrm{T}} \boldsymbol{P}^{-1} \boldsymbol{B})^{-1} \boldsymbol{B}^{\mathrm{T}} \boldsymbol{P}^{-1} \Delta \boldsymbol{L} \qquad (8-4)$$

$$\boldsymbol{X} = \boldsymbol{X}^0 + \Delta \boldsymbol{X} \qquad (8-5)$$

5）迭代计算

若 $|\Delta X| \leqslant \varepsilon$，则取得到的 X 为所求的目标值；若 $|\Delta X| > \varepsilon$，则以本次得到的 X 为新的初值 $X^0 = (x^0, y^0, z^0, \dot{x}^0, \dot{y}^0, \dot{z}^0)$，重复计算，直到 $|\Delta X| \leqslant \varepsilon$ 为止，并取得这最后一次所得的 $(x, y, z, \dot{x}, \dot{y}, \dot{z})$ 为所求的目标值。

在此，可以利用 7.2.3 节中介绍的方法，以补偿由于最小二乘线性化后对高次项信息的丢失部分。

8.2 多测速系统与 GNSS 系统测量数据融合

在多测速系统测量数据中，融入同样高精度测量的 GNSS 测量信息，实现测元数据有效融合，获取高精度的飞行目标弹道参数。

8.2.1 GNSS 测量数据简介

箭载 GNSS 接收机用于运载火箭外弹道测量，是新世纪我国航天测控领域高精度外弹道测量最重要的应用之一。近年来,我国所有型号的运载火箭均配置了 GPS 或兼容 GLONASS 的箭载 GNSS 接收机。箭载 GNSS 测量数据处理是航天测控工程的重要组成部分,对于高精度确定导弹、运载火箭飞行弹(轨)道、分析航天发射试验质量、鉴定测控网设备跟踪精度都具有重要作用。

箭载 GNSS 测量数据处理的主要任务,是对航天测控网航区各测站提供的 GNSS 原始测量数据进行各通道原始数据帧和导航电文帧的数据解码和信息恢复,数据合理性检验和随机误差统计,对流层、电离层等误差修正,弹道计算、弹道综合(差分)计算等多个处理环节,最后形成一条包含火箭的空间位置、分速度及相应精度等弹道参数的实测弹道,为型号研制部门分离火箭制导误差、鉴定火箭的飞行状态与制导系统精度、改进运载火箭性能等提供可靠依据。

由于 GNSS 测量系统高精度的测量特质,同样为与高精度多测速系统的测元融合带来了很好的使用价值。

8.2.2　统一坐标系

由于 GNSS 获取的测元数据在 WGS – 84 坐标系下,而测速系统在发射坐标系下处理。为了实现数据融合的目的,将 WGS – 84 坐标系中的 GNSS 星上坐标和速度参数转换到发射系坐标,与高精度测速系统中的测元靠拢,以达到数据融合的基本条件。

设发射原点的大地纬度、经度、高程、发射方位角、垂线偏差为 B_0, L_0, H_0, A_{0X}, ξ_0, η_0, WGS – 84 到地心坐标转换的尺度因子为 $\Delta X_0 = \Delta Y_0 = \Delta Z_0 = \varepsilon_X = \varepsilon_Y = m = 0$, $\varepsilon_Z = -0.244''$, WGS – 84 坐标系下的目标位置为 X, Y, Z, 则有 WGS – 84 坐标系到地心坐标系下的转换矩阵:

$$\begin{bmatrix} X \\ Y \\ Z \end{bmatrix}_{DX-2} = \frac{1}{m+1} \begin{bmatrix} 1 & -\varepsilon_Z & \varepsilon_Y \\ \varepsilon_Z & 1 & -\varepsilon_X \\ -\varepsilon_Y & \varepsilon_X & 1 \end{bmatrix} \left(\begin{bmatrix} X \\ Y \\ Z \end{bmatrix}_{WGS-84} - \begin{bmatrix} \Delta X_0 \\ \Delta Y_0 \\ \Delta Z_0 \end{bmatrix} \right) \quad (8-6)$$

地心坐标系到发射坐标系位置转换:

$$\begin{bmatrix} X \\ Y \\ Z \end{bmatrix}_{FS} = U_0^T A_{ox}^T B_0^T L_0^T \left(\begin{bmatrix} X \\ Y \\ Z \end{bmatrix}_{DX-2} - \begin{bmatrix} X_0 \\ Y_0 \\ Z_0 \end{bmatrix} \right) \quad (8-7)$$

地心坐标系到发射坐标系速度转换:

$$\begin{bmatrix} \dot{X} \\ \dot{Y} \\ \dot{Z} \end{bmatrix}_{FS} = U_0^T A_{ox}^T B_0^T L_0^T \begin{bmatrix} \dot{X} \\ \dot{Y} \\ \dot{Z} \end{bmatrix}_{DX-2} \quad (8-8)$$

这里,发射原点在地心坐标系中的坐标为

$$\begin{cases} X_0 = (N_0 + H_0)\cos B_0 \cos L_0 \\ Y_0 = (N_0 + H_0)\cos B_0 \sin L_0 \\ Z_0 = (N_0(1 - e^2) + H_0)\sin B_0 \end{cases} \quad (8-9)$$

式中

$$A_{ox} = \begin{bmatrix} \cos(\dfrac{\pi}{2} + A_{OX}) & 0 & -\sin(\dfrac{\pi}{2} + A_{OX}) \\ 0 & 1 & 0 \\ \sin(\dfrac{\pi}{2} + A_{OX}) & 0 & \cos(\dfrac{\pi}{2} + A_{OX}) \end{bmatrix}, B_0 = \begin{bmatrix} 1 & 0 & 0 \\ 0 & \cos B_0 & -\sin B_0 \\ 0 & \sin B_0 & \cos B_0 \end{bmatrix}$$

$$U_0 = \begin{bmatrix} \cos\xi_0 & \sin\xi_0 & 0 \\ -\sin\xi_0 & \cos\xi_0 & 0 \\ 0 & 0 & 1 \end{bmatrix} \begin{bmatrix} 1 & 0 & 0 \\ 0 & \cos\eta_0 & -\sin\eta_0 \\ 0 & \sin\eta_0 & \cos\eta_0 \end{bmatrix}, L_0 = \begin{bmatrix} \sin L_0 & \cos L_0 & 0 \\ -\cos L_0 & \cos L_0 & 0 \\ 0 & 0 & 1 \end{bmatrix}$$

8.2.3 目标参数解算方法

1)用初值反算测量量的近似值

(1)反算测速系统测量量的近似值。

设用初值 $X^0 = (x^0, y^0, z^0, \dot{x}^0, \dot{y}^0, \dot{z}^0)$ 反算各测速系统测元 $\dot{S}_i$ 在发射坐标系中的测量量近似值 $\dot{S}_i^0$:

$$\begin{aligned} \dot{S}_i^0 = \dot{R}_i^0 + \dot{R}_0^0 &= \frac{\dot{x}^0(x^0 - x_i) + \dot{y}^0(y^0 - y_i) + \dot{z}^0(z^0 - z_i)}{R_i^0} \\ &+ \frac{\dot{x}^0(x^0 - x_0) + \dot{y}^0(y^0 - y_0) + \dot{z}^0(z^0 - z_0)}{R_0^0}, (i = 1, 2, \cdots, m) \end{aligned}$$

$$(8-10)$$

式中:$R_i^0 = \sqrt{(x^0 - x_i)^2 + (y^0 - y_i)^2 + (z^0 - z_i)^2}$;$(x_0, y_0, z_0)$ 为发射站的站址;(x_i, y_i, z_i) 为接收站的站址。

(2)反算 GNSS 测量量的近似值。

用初值 $X^0 = (x^0, y^0, z^0, \dot{x}^0, \dot{y}^0, \dot{z}^0)$ 反算 GNSS 测元在发射坐标系中的测量量近似值 R_k^0 和 $\dot{R}_k^0$:

$$\begin{cases} R_k^0 = \sqrt{(x_k - x^0)^2 + (y_k - y^0)^2 + (z_k - z^0)^2} \\ \dot{R}_k^0 = \dfrac{x_k - x^0}{R_k^0}(\dot{x}_k - \dot{x}^0) + \dfrac{y_k - y^0}{R_k^0}(\dot{y}_k - \dot{y}^0) + \dfrac{z_k - z^0}{R_k^0}(\dot{z}_k - \dot{z}^0) \end{cases}, k = 1, 2, \cdots, n$$

$$(8-11)$$

式中：R_k^0，$\dot{R}_k^0$ 为 GNSS 卫星到目标接收机的距离及其变化率；x_k，y_k，z_k，$\dot{x}_k$，$\dot{y}_k$，$\dot{z}_k$ 为对应的 GNSS 卫星 k 的站址（位置和速度）。

2）计算误差方程自由项向量

令 $\boldsymbol{L} = (\dot{S}_1, \dot{S}_2, \cdots, \dot{S}_m, R_1, R_2, \cdots, R_n, \dot{R}_1, \dot{R}_2, \cdots, \dot{R}_n)$，$\boldsymbol{L}^0 = (\dot{S}_1^0, \dot{S}_2^0, \cdots, \dot{S}_m^0, R_1^0, R_2^0, \cdots, R_n^0, \dot{R}_1^0, \dot{R}_2^0, \cdots, \dot{R}_n^0)$，$i = 1, 2, \cdots, m$，$k = 1, 2, \cdots, n$。

则

$$\Delta \boldsymbol{L} = \boldsymbol{L}^0 - \boldsymbol{L} \tag{8-12}$$

3）误差方程系数矩阵

$$\boldsymbol{B} = \begin{bmatrix} \dfrac{\partial \dot{S}_1}{\partial x} & \dfrac{\partial \dot{S}_1}{\partial y} & \dfrac{\partial \dot{S}_1}{\partial z} & \dfrac{\partial \dot{S}_1}{\partial \dot{x}} & \dfrac{\partial \dot{S}_1}{\partial \dot{y}} & \dfrac{\partial \dot{S}_1}{\partial \dot{z}} \\[2mm] \dfrac{\partial \dot{S}_2}{\partial x} & \dfrac{\partial \dot{S}_2}{\partial y} & \dfrac{\partial \dot{S}_2}{\partial z} & \dfrac{\partial \dot{S}_2}{\partial \dot{x}} & \dfrac{\partial \dot{S}_2}{\partial \dot{y}} & \dfrac{\partial \dot{S}_2}{\partial \dot{z}} \\[2mm] \vdots & \vdots & \vdots & \vdots & \vdots & \vdots \\[2mm] \dfrac{\partial \dot{S}_m}{\partial x} & \dfrac{\partial \dot{S}_m}{\partial y} & \dfrac{\partial \dot{S}_m}{\partial z} & \dfrac{\partial \dot{S}_m}{\partial \dot{x}} & \dfrac{\partial \dot{S}_m}{\partial \dot{y}} & \dfrac{\partial \dot{S}_m}{\partial \dot{z}} \\[2mm] \dfrac{\partial R_1}{\partial x} & \dfrac{\partial R_1}{\partial y} & \dfrac{\partial R_1}{\partial z} & 0 & 0 & 0 \\[2mm] \dfrac{\partial R_2}{\partial x} & \dfrac{\partial R_2}{\partial y} & \dfrac{\partial R_2}{\partial z} & 0 & 0 & 0 \\[2mm] \vdots & \vdots & \vdots & \vdots & \vdots & \vdots \\[2mm] \dfrac{\partial R_n}{\partial x} & \dfrac{\partial R_n}{\partial y} & \dfrac{\partial R_n}{\partial z} & 0 & 0 & 0 \\[2mm] \dfrac{\partial \dot{R}_1}{\partial x} & \dfrac{\partial \dot{R}_1}{\partial y} & \dfrac{\partial \dot{R}_1}{\partial z} & \dfrac{\partial \dot{R}_1}{\partial \dot{x}} & \dfrac{\partial \dot{R}_1}{\partial \dot{y}} & \dfrac{\partial \dot{R}_1}{\partial \dot{z}} \\[2mm] \dfrac{\partial \dot{R}_2}{\partial x} & \dfrac{\partial \dot{R}_2}{\partial y} & \dfrac{\partial \dot{R}_2}{\partial z} & \dfrac{\partial \dot{R}_2}{\partial \dot{x}} & \dfrac{\partial \dot{R}_2}{\partial \dot{y}} & \dfrac{\partial \dot{R}_2}{\partial \dot{z}} \\[2mm] \vdots & \vdots & \vdots & \vdots & \vdots & \vdots \\[2mm] \dfrac{\partial \dot{R}_n}{\partial x} & \dfrac{\partial \dot{R}_n}{\partial y} & \dfrac{\partial \dot{R}_n}{\partial z} & \dfrac{\partial \dot{R}_n}{\partial \dot{x}} & \dfrac{\partial \dot{R}_n}{\partial \dot{y}} & \dfrac{\partial \dot{R}_n}{\partial \dot{z}} \end{bmatrix}_{X = X^0}$$

式中：$\dfrac{\partial \dot{S}_i}{\partial x} = \dfrac{\dot{x} R_i - u_i l_i}{R_i^2} + \dfrac{\dot{x} R_0 - u_0 l_0}{R_0^2}$；$\dfrac{\partial \dot{S}_i}{\partial y} = \dfrac{\dot{y} R_i - u_i m_i}{R_i^2} + \dfrac{\dot{y} R_0 - u_0 m_0}{R_0^2}$；

$\dfrac{\partial \dot{S}_i}{\partial z} = \dfrac{\dot{z} R_i - u_i n_i}{R_i^2} + \dfrac{\dot{z} R_0 - u_0 n_0}{R_0^2}$；$\dfrac{\partial \dot{S}_i}{\partial \dot{x}} = l_i + l_0$；$\dfrac{\partial \dot{S}_i}{\partial \dot{y}} = m_i + m_0$；$\dfrac{\partial \dot{S}_i}{\partial \dot{z}} = n_i + n_0$。

其中，$l_i = \dfrac{x - x_i}{R_i}$，$m_i = \dfrac{y - y_i}{R_i}$；$n_i = \dfrac{z - z_i}{R_i}$，$u_i = \dot{x}(x - x_i) + \dot{y}(y - y_i) + \dot{z}(z - z_i)$。

$$\frac{\partial R_k}{\partial x} = -\frac{x_k - x}{\sqrt{(x_k - x)^2 + (y_k - y)^2 + (z_k - z)^2}}, \frac{\partial R_k}{\partial y} = -\frac{y_k - y}{\sqrt{(x_k - x)^2 + (y_k - y)^2 + (z_k - z)^2}},$$

$$\frac{\partial R_k}{\partial z} = -\frac{z_k - z}{\sqrt{(x_k - x)^2 + (y_k - y)^2 + (z_k - z)^2}},$$

$$\frac{\partial \dot{R}_k}{\partial x} = \frac{-(\dot{x}_k - \dot{x})R_k + (\dot{x}_k - \dot{x})(x_k - x)^2/R_k}{R_k^2} + \frac{(x_k - x)}{R_k^3}((\dot{y}_k - \dot{y})(y_k - y) + (\dot{z}_k - \dot{z})(z_k - z)),$$

$$\frac{\partial \dot{R}_k}{\partial y} = \frac{-(\dot{y}_k - \dot{y})R_k + (\dot{y}_k - \dot{y})(y_k - y)^2/R_k}{R_k^2} + \frac{(y_k - y)}{R_k^3}((\dot{x}_k - \dot{x})(x_k - x) + (\dot{z}_k - \dot{z})(z_k - z)),$$

$$\frac{\partial \dot{R}_k}{\partial z} = \frac{-(\dot{z}_k - \dot{z})R_k + (\dot{z}_k - \dot{z})(z_k - z)^2/R_k}{R_k^2} + \frac{(z_k - z)}{R_k^3}((\dot{x}_k - \dot{x})(x_k - x) + (\dot{y}_k - \dot{y})(y_k - y)),$$

$$\frac{\partial \dot{R}_k}{\partial \dot{x}} = l_k, \frac{\partial \dot{R}_k}{\partial \dot{y}} = m_k, \frac{\partial \dot{R}_k}{\partial \dot{z}} = n_k。$$

$$l_k = -\frac{x_k - x}{R_k}, m_k = -\frac{y_k - y}{R_k}, n_k = -\frac{z_k - z}{R_k}, R_k = \sqrt{(x_k - x)^2 + (y_k - y)^2 + (z_k - z)^2}。$$

4）协方差阵估计

$$\boldsymbol{P} = \mathrm{diag}\left(\sigma_{S_1}^2 \quad \sigma_{S_2}^2 \quad \cdots \quad \sigma_{S_m}^2 \quad \sigma_{R_1}^2 \quad \sigma_{R_2}^2 \quad \cdots \quad \sigma_{R_n}^2 \quad \sigma_{\dot{R}_1}^2 \quad \sigma_{\dot{R}_2}^2 \quad \cdots \quad \sigma_{\dot{R}_n}^2 \right)$$

$$(8-13)$$

目标位置和速度参数解算：

$$\Delta \boldsymbol{X} = (\Delta x, \Delta y, \Delta z, \Delta \dot{x}, \Delta \dot{y}, \Delta \dot{z})^{\mathrm{T}} = (\boldsymbol{B}^{\mathrm{T}} \boldsymbol{P}^{-1} \boldsymbol{B})^{-1} \boldsymbol{B}^{\mathrm{T}} \boldsymbol{P}^{-1} \Delta \boldsymbol{L} \qquad (8-14)$$

$$\boldsymbol{X} = \boldsymbol{X}^0 + \Delta \boldsymbol{X} \qquad (8-15)$$

参数精度：

$$\sigma_X = (\boldsymbol{B}^{\mathrm{T}} \boldsymbol{P}^{-1} \boldsymbol{B})^{-1} \qquad (8-16)$$

5）迭代计算

若$|\Delta \boldsymbol{X}| \leqslant \varepsilon$，则取式(8-15)中得到的为所求的目标值，若$|\Delta \boldsymbol{X}| > \varepsilon$，则取本次得到的$\boldsymbol{X}$为新的初值$\boldsymbol{X}^0 = (x^0, y^0, z^0, \dot{x}^0, \dot{y}^0, \dot{z}^0)$，重复式（8-12）~式(8-15)，直到$|\Delta \boldsymbol{X}| \leqslant \varepsilon$为止，并取最后一次所得$(x, y, z, \dot{x}, \dot{y}, \dot{z})$为飞行目标参数数据。

8.2.4 实例分析

图8-1、图8-3、图8-5为GNSS和测速系统融合后的目标位置精度数据图，图8-2、图8-4、图8-6为两种系统融合处理结果速度精度的比对数据图。

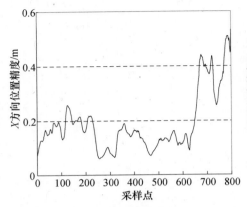

图 8-1 X 方向位置精度数据图

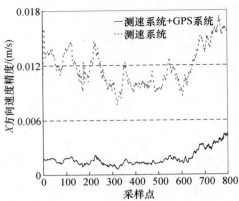

图 8-2 X 方向速度精度比对图

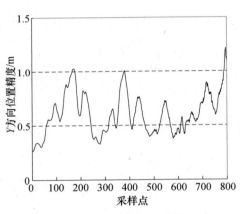

图 8-3 Y 方向位置精度数据图

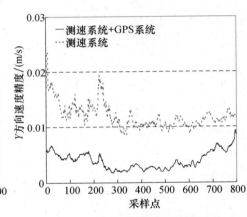

图 8-4 Y 方向速度精度比对图

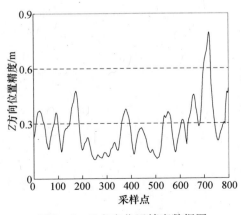

图 8-5 Z 方向位置精度数据图

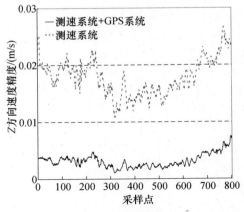

图 8-6 Z 方向速度精度比对图

位置精度数据图中反映出的数据量值,远远低于数据处理精度的要求。从速度精度图中可以明显看出,GNSS 系统和测速系统的测元数据融合后,精度明显提高。这两种高精度测元数据的融合,提高了目标位置及速度精度,达到了预期的目的。

8.3 多测速系统与无线电测量距离变化率测元数据融合

在常规型号运载火箭测控网中,高精度多测速系统的一主三副的测量体制,要依托于其他跟踪测量设备的目标定位数据,才能实现对飞行目标进行高精度的速度确定。为了解决这种尴尬的局面,也为了充分利用航天测控网中其他跟踪测量系统的测速测元数据,以期达到利用测速数据不仅获取飞行目标速度数据,同时获取飞行目标的定位数据的目的,本节对其他跟踪测量设备的距离变化率测元 $n\dot{R}$ 与高精度多测速系统的距离和变化率 $n\dot{S}$ 进行融合。

8.3.1 无线电测量距离变化率测元简介

在航天测控网中,无线电跟踪测量设备是支柱性装备,对航天器的测发、测控和在轨管理工作都发挥极其重要的作用,国内航天测控网中的每个测站,都离不开无线电设备的跟踪测量。例如,航天测控网装备有脉冲雷达、雷达遥测系统、统一测控系统等近十种不同类型的无线电测量设备,这些设备,无论是主动段、运行段还是回收段,均起着重要作用。此类系列跟踪测量设备一般对飞行目标完成距离、角度和距离变化率的测量任务。

无线电跟踪测量系统在信号传播、跟踪测量、数据采样等环节中不可避免地会引入误差,如设备固有偏差、设备轴系误差、电波折射误差、时延误差、设备噪声、环境扰动、随机误差、过失误差等,需对其进行处理分析。后结合适当的数学模型、数据分析方法和数据处理技术,可以确定目标在三维空间中的位置、速度、加速度以及弹道倾角、弹道偏角等弹/轨道重要参数。

此节利用无线电测量系统中的距离变化率跟踪测量信息,与高精度多测速系统的距离和变化率测元相结合,实现对飞行目标位置及速度的解算。

8.3.2 处理方法

1）用初值反算测量量的近似值
（1）反算多测速系统测量量的近似值
一般情况下选取标称弹道作为初值。设用初值 $X^0 = (x^0, y^0, z^0, \dot{x}^0, \dot{y}^0, \dot{z}^0)$

反算各测速系统测元 $\dot{S}_i$ 在发射坐标系中的测量量近似值 $\dot{S}_i^0$:

$$\dot{S}_i^0 = \dot{R}_i^0 + \dot{R}_0^0 = \frac{\dot{x}^0(x^0 - x_i) + \dot{y}^0(y^0 - y_i) + \dot{z}^0(z^0 - z_i)}{R_i^0}$$
$$+ \frac{\dot{x}^0(x^0 - x_0) + \dot{y}^0(y^0 - y_0) + \dot{z}^0(z^0 - z_0)}{R_0^0} , \ i = 1, 2, \cdots, m$$

$$(8-17)$$

式中: $R_i^0 = \sqrt{(x^0 - x_i)^2 + (y^0 - y_i)^2 + (z^0 - z_i)^2}$, (x_0, y_0, z_0) 为发射站的站址, (x_i, y_i, z_i) 为接收站的站址。

（2）反算雷达系统距离变化率测元。

设测元 $\dot{R}_j$ 为雷达测站的序号 $(j = 1, 2, \cdots, n)$, (x_j, y_j, z_j) 为雷达测站的站址。

$$\dot{R}_j = \frac{x^0 - x_j}{R^0}\dot{x}^0 + \frac{y^0 - y_j}{R^0}\dot{y}^0 + \frac{z^0 - z_j}{R^0}\dot{z}^0 \qquad (8-18)$$

2）计算误差方程自由项向量

令

$$\boldsymbol{L} = (\dot{S}_1, \dot{S}_2, \cdots, \dot{S}_m, \dot{R}_1, \dot{R}_2, \cdots, \dot{R}_n)^{\mathrm{T}},$$
$$\boldsymbol{L}^0 = (\dot{S}_1^0, \dot{S}_2^0, \cdots, \dot{S}_m^0, \dot{R}_1^0, \dot{R}_2^0, \cdots, \dot{R}_n^0)^{\mathrm{T}}$$

则

$$\Delta \boldsymbol{L} = \boldsymbol{L}^0 - \boldsymbol{L} \qquad (8-19)$$

3）误差方程系数矩阵

$$\boldsymbol{B} = \begin{bmatrix} \dfrac{\partial \dot{S}_1}{\partial x} & \dfrac{\partial \dot{S}_1}{\partial y} & \dfrac{\partial \dot{S}_1}{\partial z} & \dfrac{\partial \dot{S}_1}{\partial \dot{x}} & \dfrac{\partial \dot{S}_1}{\partial \dot{y}} & \dfrac{\partial \dot{S}_1}{\partial \dot{z}} \\[3mm] \dfrac{\partial \dot{S}_2}{\partial x} & \dfrac{\partial \dot{S}_2}{\partial y} & \dfrac{\partial \dot{S}_2}{\partial z} & \dfrac{\partial \dot{S}_2}{\partial \dot{x}} & \dfrac{\partial \dot{S}_2}{\partial \dot{y}} & \dfrac{\partial \dot{S}_2}{\partial \dot{z}} \\[3mm] \vdots & \vdots & \vdots & \vdots & \vdots & \vdots \\[3mm] \dfrac{\partial \dot{S}_m}{\partial x} & \dfrac{\partial \dot{S}_m}{\partial y} & \dfrac{\partial \dot{S}_m}{\partial z} & \dfrac{\partial \dot{S}_m}{\partial \dot{x}} & \dfrac{\partial \dot{S}_m}{\partial \dot{y}} & \dfrac{\partial \dot{S}_m}{\partial \dot{z}} \\[3mm] \dfrac{\partial \dot{R}_1}{\partial x} & \dfrac{\partial \dot{R}_1}{\partial y} & \dfrac{\partial \dot{R}_1}{\partial z} & \dfrac{\partial \dot{R}_1}{\partial \dot{x}} & \dfrac{\partial \dot{R}_1}{\partial \dot{y}} & \dfrac{\partial \dot{R}_1}{\partial \dot{z}} \\[3mm] \dfrac{\partial \dot{R}_2}{\partial x} & \dfrac{\partial \dot{R}_2}{\partial y} & \dfrac{\partial \dot{R}_2}{\partial z} & \dfrac{\partial \dot{R}_2}{\partial \dot{x}} & \dfrac{\partial \dot{R}_2}{\partial \dot{y}} & \dfrac{\partial \dot{R}_2}{\partial \dot{z}} \\[3mm] \vdots & \vdots & \vdots & \vdots & \vdots & \vdots \\[3mm] \dfrac{\partial \dot{R}_n}{\partial x} & \dfrac{\partial \dot{R}_n}{\partial y} & \dfrac{\partial \dot{R}_n}{\partial z} & \dfrac{\partial \dot{R}_n}{\partial \dot{x}} & \dfrac{\partial \dot{R}_n}{\partial \dot{y}} & \dfrac{\partial \dot{R}_n}{\partial \dot{z}} \end{bmatrix}$$

式中:$\dfrac{\partial \dot{S}_i}{\partial x} = \dfrac{\dot{x} R_i - u_i l_i}{R_i^2} + \dfrac{\dot{x} R_0 - u_0 l_0}{R_0^2}$;$\dfrac{\partial \dot{S}_i}{\partial y} = \dfrac{\dot{y} R_i - u_i m_i}{R_i^2} + \dfrac{\dot{y} R_C - u_0 m_0}{R_0^2}$;

$\dfrac{\partial \dot{S}_i}{\partial z} = \dfrac{\dot{z} R_i - u_i n_i}{R_i^2} + \dfrac{\dot{z} R_0 - u_0 n_0}{R_0^2}$;$\dfrac{\partial \dot{S}_i}{\partial \dot{x}} = l_i + l_0$,$\dfrac{\partial \dot{S}_i}{\partial \dot{y}} = m_i + m_0$,$\dfrac{\partial \dot{S}_i}{\partial \dot{z}} = n_i + n_0$。

这里,$l_i = \dfrac{x - x_i}{R_i}$,$m_i = \dfrac{y - y_i}{R_i}$,$n_i = \dfrac{z - z_i}{R_i}$,$u_i = \dot{x}(x - x_i) + \dot{y}(y - y_i) + \dot{z}(z - z_i)$。

$$\frac{\partial \dot{R}}{\partial x} = \frac{\dot{x}}{R^2} - \frac{(x - x_0)}{R^3}((x - x_0)\dot{x} - (y - y_0)\dot{y} - (z - z_0)\dot{z})$$

$$\frac{\partial \dot{R}}{\partial y} = \frac{\dot{y}}{R^2} - \frac{(y - y_0)}{R^3}((x - x_0)\dot{x} - (y - y_0)\dot{y} - (z - z_0)\dot{z})$$

$$\frac{\partial \dot{R}}{\partial z} = \frac{\dot{z}}{R^2} - \frac{(z - z_0)}{R^3}((x - x_0)\dot{x} - (y - y_0)\dot{y} - (z - z_0)\dot{z})$$

$$\frac{\partial \dot{R}_i}{\partial \dot{x}} = \frac{x - x_i}{R},\quad \frac{\partial \dot{R}_i}{\partial \dot{y}} = \frac{y - y_i}{R},\quad \frac{\partial \dot{R}_i}{\partial \dot{z}} = \frac{z - z_i}{R}$$

4)协方差阵估计

$$\boldsymbol{P} = \mathrm{diag}(\sigma_{\dot{S}_1}^2 \quad \sigma_{\dot{S}_2}^2 \quad \cdots \quad \sigma_{\dot{S}_m}^2 \quad \sigma_{\dot{R}_1}^2 \quad \sigma_{\dot{R}_2}^2 \quad \cdots \quad \sigma_{\dot{R}_n}^2) \tag{8-20}$$

目标位置和速度参数:

$$\Delta \boldsymbol{X} = (\Delta x, \Delta y, \Delta z, \Delta \dot{x}, \Delta \dot{y}, \Delta \dot{z})^{\mathrm{T}} = (\boldsymbol{B}^{\mathrm{T}} \boldsymbol{P}^{-1} \boldsymbol{B})^{-1} \boldsymbol{B}^{\mathrm{T}} \boldsymbol{P}^{-1} \Delta \boldsymbol{L} \tag{8-21}$$

$$\hat{\boldsymbol{X}} = \boldsymbol{X}^0 + \Delta \boldsymbol{X} \tag{8-22}$$

目标坐标和速度的精度:

$$\sigma_X = (\boldsymbol{B}^{\mathrm{T}} \boldsymbol{P}^{-1} \boldsymbol{B})^{-1} \tag{8-23}$$

在典型的最小二乘估计中,均对 $\Delta \boldsymbol{X}$ 进行判断和迭代处理。这里,为了更为准确地获取目标实际弹道参数,补偿由于最小二乘线性化后对高次项信息的丢失,从测元上对目标弹道进行补偿。

5)误差补偿

将计算出的 $\hat{\boldsymbol{X}}$ 再次反算到测元,即 $\dot{s}_{ia}, \dot{R}_{ia}$,则

$$\Delta \boldsymbol{L}_c = \begin{bmatrix} \dot{s}_1 - \dot{s}_{1a} \\ \dot{s}_2 - \dot{s}_{2a} \\ \vdots \\ \dot{s}_m - \dot{s}_{ma} \\ \dot{R}_1 - \dot{R}_{1a} \\ \dot{R}_1 - \dot{R}_{2a} \\ \vdots \\ \dot{R}_1 - \dot{R}_{na} \end{bmatrix} \tag{8-24}$$

若 $|\Delta L_c| \leqslant \varepsilon$，则取式(8-22)作为计算的结果,否则,取式(8-22)计算的结果作为初始值,计算

$$\Delta \hat{X} = (\Delta\hat{x},\Delta\hat{y},\Delta\hat{z},\Delta\hat{\dot{x}},\Delta\hat{\dot{y}},\Delta\hat{\dot{z}})^{\mathrm{T}} = (C^{\mathrm{T}}C)^{-1}C^{\mathrm{T}}\Delta L_c \qquad (8-25)$$

式中: C 为形如 $\boldsymbol{B}$ 的 Jacobi 矩阵,但在 C 中的参数值为由式(8-22)中计算的结果数据反算而成。

6) 最优估计值

$$\hat{\hat{X}} = \hat{X} + \Delta\hat{X} \qquad (8-26)$$

8.3.3 实例分析

利用一套(一主三副)高精度测速系统的距离和变化率测元和三台雷达的统一测控系统距离变化率测元进行仿真数据分析。

图8-7、图8-9、图8-11为数据融合确定后目标位置参数的仿真结果与标称弹道位置参数比对差数据图,图8-8、图8-10、图8-12为相应的速度参数比对差数据图。

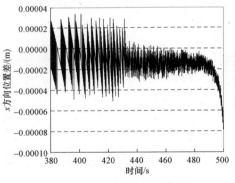

图8-7　X方向位置差数据图

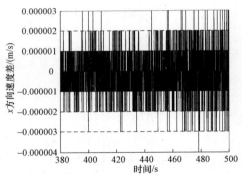

图8-8　X方向速度差数据图

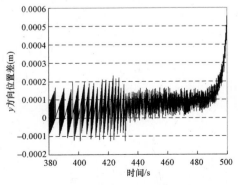

图8-9　Y方向位置差数据图

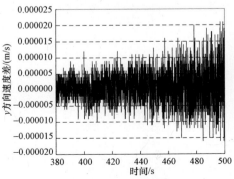

图8-10　Y方向速度差数据图

166

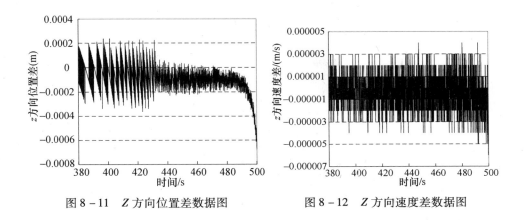

图 8-11　Z 方向位置差数据图　　　　图 8-12　Z 方向速度差数据图

从图 8-7、图 8-9、图 8-11 中可以看出,坐标位置的差值极小,基本上与标称弹道吻合;从图 8-8、图 8-10、图 8-12 中可以明显看出,其速度比对差的量值更小。通过计算分析表明,此方法可实现飞行目标的位置及速度参数的有效确定。

雷达测控系统中的距离变化率测元和高精度多测速系统的距离和变化率测元数据的有效融合,实现了高精度的外弹道数据处理。该方法的使用,为多测速系统测量数据的融合处理开拓了新的数据处理途径。

8.4　短基线干涉仪与其他信息的数据融合

本节的主要思想是试图利用测控网中高精度的测速测元,实现目标的位置及速度的同时确定。在常规型号运载火箭测控网中,短基线干涉仪一般与一台雷达构成测速定位信息,为火箭一级飞行段提供安全落点选择信息、故障判断安控信息和弹道监视显示信息。随着航天试验靶场跟踪测量设备的更新和精度的提高,更多的无线电测量设备赋有距离变化率的测量能力,本节试图利用高精度的距离变化率测元与短基线干涉仪一起完成飞行目标的位置、速度参数的确定。

8.4.1　数据融合模型

设 x,y,z 为飞行器目标位置分量,$\dot{x},\dot{y},\dot{z}$ 为飞行器目标速度分量。x_i,y_i,z_i ($i=1,2,3,4$) 为测站在发射系中的站址(测站 1 为主站,测站 2、测站 3、测站 4 为副站;其中 2 站同 1 站),建立测量方程:

$$\begin{cases} \dot{R} = l_1\dot{x} + m_1\dot{y} + n_1\dot{z} \\ \dot{l} = \dfrac{1}{D_{13}}[\,(l_1-l_3)\dot{x} + (m_1-m_3)\dot{y} + (n_1-n_3)\dot{z}\,] \\ \dot{m} = \dfrac{1}{D_{14}}[\,(l_1-l_4)\dot{x} + (m_1-m_4)\dot{y} + (n_1-n_4)\dot{z}\,] \end{cases} \qquad (8-27)$$

式中: $l_i = \dfrac{x-x_i}{r_i}$, $m_i = \dfrac{y-y_i}{r_i}$, $n_i = \dfrac{z-z_i}{r_i}$; $r_i = [\,(x-x_i)^2 + (y-y_i)^2 + (z-z_i)^2\,]^{\frac{1}{2}}$ $(i=1,3,4)$;

$D_{13} = [\,(x_1-x_3)^2 + (y_1-y_3)^2 + (z_1-z_3)^2\,]^{\frac{1}{2}}$; $D_{14} = [\,(x_1-x_4)^2 + (y_1-y_4)^2 + (z_1-z_4)^2\,]^{\frac{1}{2}}$。

计算步骤如下:

(1)初始值数据 $\boldsymbol{X}^0 = (x^0, y^0, z^0, \dot{x}^0, \dot{y}^0, \dot{z}^0)^{\mathrm{T}}$。

(2)用初值反算测量元素的近似值。

① 反算短基线干涉仪测元 $\dot{R}^0$、$\dot{l}^0$、$\dot{m}^0$。

$$\begin{cases} \dot{R}^0 = l_1^0\dot{x}^0 + m_1^0\dot{y}^0 + n_1^0\dot{z}^0 \\ \dot{l}^0 = \dfrac{1}{D_{13}}[\,(l_1^0-l_3^0)\dot{x}^0 + (m_1^0-m_3^0)\dot{y}^0 + (n_1^0-n_3^0)\dot{z}^0\,] \\ \dot{m}^0 = \dfrac{1}{D_{14}}[\,(l_1^0-l_4^0)\dot{x}^0 + (m_1^0-m_4^0)\dot{y}^0 + (n_1^0-n_4^0)\dot{z}^0\,] \end{cases} \qquad (8-28)$$

式中: $l_i^0 = \dfrac{x^0-x_i}{r_i^0}$; $m_i^0 = \dfrac{y^0-y_i}{r_i^0}$; $n_i^0 = \dfrac{z^0-z_i}{r_i^0}$; $r_i^0 = ((x^0-x_i)^2 + (y^0-y_i)^2 + (z^0-z_i)^2)^{1/2}$。

② 反算雷达测量数据 $\dot{R}_k^0$。

$$\dot{R}_k^0 = \frac{x^0-x_k}{R_k^0}\dot{x}^0 + \frac{y^0-y_k}{R_k^0}\dot{y}^0 + \frac{z^0-z_k}{R_k^0}\dot{z}^0, \quad k=1,2,\cdots,n \qquad (8-29)$$

式中: $R_k^0 = \sqrt{(x_k-x^0)^2 + (y_k-y^0)^2 + (z_k-z^0)^2}$; $x_k, y_k, z_k (k=1,2,\cdots,n)$ 为雷达测站的站址。

(3)计算误差方程自由项向量。

令 $L = (\dot{R}, \dot{l}, \dot{m}, \dot{R}_1, \dot{R}_2, \cdots, \dot{R}_k)$, $L^0 = (\dot{R}^0, \dot{l}^0, \dot{m}^0, \dot{R}_1^0, \dot{R}_2^0, \cdots, \dot{R}_k^0)$, $k=1,2,\cdots,n$,则

$$\Delta L = L^0 - L \qquad (8-30)$$

(4)误差方程系数矩阵:

168

$$
\boldsymbol{B} = \begin{bmatrix}
\dfrac{\partial \dot{R}}{\partial x} & \dfrac{\partial \dot{R}}{\partial y} & \dfrac{\partial \dot{R}}{\partial z} & \dfrac{\partial \dot{R}}{\partial \dot{x}} & \dfrac{\partial \dot{R}}{\partial \dot{y}} & \dfrac{\partial \dot{R}}{\partial \dot{z}} \\[2mm]
\dfrac{\partial \dot{l}}{\partial x} & \dfrac{\partial \dot{l}}{\partial y} & \dfrac{\partial \dot{l}}{\partial z} & \dfrac{\partial \dot{l}}{\partial \dot{x}} & \dfrac{\partial \dot{l}}{\partial \dot{y}} & \dfrac{\partial \dot{l}}{\partial \dot{z}} \\[2mm]
\dfrac{\partial \dot{m}}{\partial x} & \dfrac{\partial \dot{m}}{\partial y} & \dfrac{\partial \dot{m}}{\partial z} & \dfrac{\partial \dot{m}}{\partial \dot{x}} & \dfrac{\partial \dot{m}}{\partial \dot{y}} & \dfrac{\partial \dot{m}}{\partial \dot{z}} \\[2mm]
\dfrac{\partial \dot{R}_1}{\partial x} & \dfrac{\partial \dot{R}_1}{\partial y} & \dfrac{\partial \dot{R}_1}{\partial z} & \dfrac{\partial \dot{R}_1}{\partial \dot{x}} & \dfrac{\partial \dot{R}_1}{\partial \dot{y}} & \dfrac{\partial \dot{R}_1}{\partial \dot{z}} \\[2mm]
\dfrac{\partial \dot{R}_2}{\partial x} & \dfrac{\partial \dot{R}_2}{\partial y} & \dfrac{\partial \dot{R}_2}{\partial z} & \dfrac{\partial \dot{R}_2}{\partial \dot{x}} & \dfrac{\partial \dot{R}_2}{\partial \dot{y}} & \dfrac{\partial \dot{R}_2}{\partial \dot{z}} \\[2mm]
\vdots & \vdots & \vdots & \vdots & \vdots & \vdots \\[2mm]
\dfrac{\partial \dot{R}_k}{\partial x} & \dfrac{\partial \dot{R}_k}{\partial y} & \dfrac{\partial \dot{R}_k}{\partial z} & \dfrac{\partial \dot{R}_k}{\partial \dot{x}} & \dfrac{\partial \dot{R}_k}{\partial \dot{y}} & \dfrac{\partial \dot{R}_k}{\partial \dot{z}}
\end{bmatrix}
$$

式中：

$$
\begin{bmatrix} \dfrac{\partial \dot{R}}{\partial x} \\[2mm] \dfrac{\partial \dot{R}}{\partial y} \\[2mm] \dfrac{\partial \dot{R}}{\partial z} \end{bmatrix} = \begin{bmatrix} a_1 & b_1 & c_1 \\ b_1 & d_1 & e_1 \\ c_1 & e_1 & f_1 \end{bmatrix} \begin{bmatrix} \dot{x}^0 \\ \dot{y}^0 \\ \dot{z}^0 \end{bmatrix}, \quad \begin{bmatrix} \dfrac{\partial \dot{R}}{\partial \dot{x}} \\[2mm] \dfrac{\partial \dot{R}}{\partial \dot{y}} \\[2mm] \dfrac{\partial \dot{R}}{\partial \dot{z}} \end{bmatrix} = \begin{bmatrix} l_1^0 \\ m_1^0 \\ n_1^0 \end{bmatrix};
$$

$$
\begin{bmatrix} \dfrac{\partial \dot{l}}{\partial x} \\[2mm] \dfrac{\partial \dot{l}}{\partial y} \\[2mm] \dfrac{\partial \dot{l}}{\partial z} \end{bmatrix} = \frac{1}{D_{13}} \begin{bmatrix} a_1 - a_3 & b_1 - b_3 & c_1 - c_3 \\ b_1 - b_3 & d_1 - d_3 & e_1 - e_3 \\ c_1 - c_3 & e_1 - e_3 & f_1 - f_3 \end{bmatrix} \begin{bmatrix} \dot{x}^0 \\ \dot{y}^0 \\ \dot{z}^0 \end{bmatrix}, \quad \begin{bmatrix} \dfrac{\partial \dot{l}}{\partial \dot{x}} \\[2mm] \dfrac{\partial \dot{l}}{\partial \dot{y}} \\[2mm] \dfrac{\partial \dot{l}}{\partial \dot{z}} \end{bmatrix} = \frac{1}{D_{13}} \begin{bmatrix} l_1^0 - l_3^0 \\ m_1^0 - m_3^0 \\ n_1^0 - n_3^0 \end{bmatrix};
$$

$$
\begin{bmatrix} \dfrac{\partial \dot{m}}{\partial x} \\[2mm] \dfrac{\partial \dot{m}}{\partial y} \\[2mm] \dfrac{\partial \dot{m}}{\partial z} \end{bmatrix} = \frac{1}{D_{14}} \begin{bmatrix} a_1 - a_4 & b_1 - b_4 & c_1 - c_4 \\ b_1 - b_4 & d_1 - d_4 & e_1 - e_4 \\ c_1 - c_4 & e_1 - e_4 & f_1 - f_4 \end{bmatrix} \begin{bmatrix} \dot{x}^0 \\ \dot{y}^0 \\ \dot{z}^0 \end{bmatrix}, \quad \begin{bmatrix} \dfrac{\partial \dot{m}}{\partial \dot{x}} \\[2mm] \dfrac{\partial \dot{m}}{\partial \dot{y}} \\[2mm] \dfrac{\partial \dot{m}}{\partial \dot{z}} \end{bmatrix} = \frac{1}{D_{14}} \begin{bmatrix} l_1^0 - l_4^0 \\ m_1^0 - m_4^0 \\ n_1^0 - n_4^0 \end{bmatrix} \text{。}
$$

其中，$a_i = \dfrac{(r_i^0)^2 - (x^0 - x_i)^2}{(r_i^0)^3}$，$b_i = \dfrac{-(y^0 - y_i)(x^0 - x_i)}{(r_i^0)^3}$，$c_i = \dfrac{-(z^0 - z_i)(x^0 - x_i)}{(r_i^0)^3}$

$$d_i = \frac{(r_i^0)^2 - (y^0 - y_i)^2}{(r_i^0)^3}, e_i = \frac{-(z^0 - z_i)(y^0 - y_i)}{(r_i^0)^3}, \quad f_i = \frac{(r_i^0)^2 - (z^0 - z_i)^2}{(r_i^0)^3} \quad (i = 1,3,4)。$$

再有

$$\begin{bmatrix} \dfrac{\partial \dot{R}_k}{\partial x} \\ \dfrac{\partial \dot{R}_k}{\partial y} \\ \dfrac{\partial \dot{R}_k}{\partial z} \end{bmatrix} = \begin{bmatrix} a' & b' & c' \\ b' & d' & e' \\ c' & e' & f' \end{bmatrix} \begin{bmatrix} \dot{x}^0 \\ \dot{y}^0 \\ \dot{z}^0 \end{bmatrix}, \begin{bmatrix} \dfrac{\partial \dot{R}_k}{\partial \dot{x}} \\ \dfrac{\partial \dot{R}_k}{\partial \dot{y}} \\ \dfrac{\partial \dot{R}_k}{\partial \dot{z}} \end{bmatrix} = \begin{bmatrix} \dfrac{x^0 - x'_k}{R_k^0} \\ \dfrac{y^0 - y'_k}{R_k^0} \\ \dfrac{z^0 - z'_k}{R_k^0} \end{bmatrix}, a' = \frac{(R_k^0)^2 - (x^0 - x'_k)^2}{(R_k^0)^3},$$

$$b' = \frac{-(y^0 - y'_k)(x^0 - x'_k)}{(R_k^0)^3}, c' = \frac{-(z^0 - z'_k)(x^0 - x'_k)}{(R_k^0)^3}, d' = \frac{(R_k^0)^2 - (y^0 - y'_k)^2}{(R_k^0)^3},$$

$$e' = \frac{-(z^0 - z'_k)(y^0 - y'_k)}{(R_k^0)^3}, f' = \frac{(R_k^0)^2 - (z^0 - z'_k)^2}{(R_k^0)^3}, (k = 1,2,\cdots,n)$$

这里，$R_k^0 = \sqrt{(x^0 - x'_k)^2 + (y^0 - y'_k)^2 + (z^0 - z'_k)^2}$。

（5）协方差阵估计：

$$\boldsymbol{P} = \mathrm{diag}(\sigma_{\dot{R}}^2 \quad \sigma_l^2 \quad \sigma_m^2 \quad \sigma_{\dot{R}_1}^2 \quad \sigma_{\dot{R}_2}^2 \quad \cdots \quad \sigma_{\dot{R}_k}^2) \qquad (8-31)$$

目标位置和速度参数解算

$$\Delta \boldsymbol{X} = (\Delta x, \Delta y, \Delta z, \Delta \dot{x}, \Delta \dot{y})^{\mathrm{T}} = (\boldsymbol{B}^{\mathrm{T}} \boldsymbol{P}^{-1} \boldsymbol{B})^{-1} \boldsymbol{B}^{\mathrm{T}} \boldsymbol{P}^{-1} \Delta \boldsymbol{L} \qquad (8-32)$$

计算目标在发射坐标系中的坐标和速度：

$$\hat{\boldsymbol{X}} = \boldsymbol{X}^0 + \Delta \boldsymbol{X} \qquad (8-33)$$

目标坐标和速度的精度：

$$\sigma_X = (\boldsymbol{B}^{\mathrm{T}} \boldsymbol{P}^{-1} \boldsymbol{B})^{-1} \qquad (8-34)$$

（6）迭代计算。

若 $|\Delta X| \leqslant \varepsilon$，则取式（8-33）中得到的 $\hat{X}$ 为最终计算结果，否则将其作为新的初值 $X^0 = (x^0, y^0, z^0, \dot{x}^0, \dot{y}^0, \dot{z}^0)$，重复式（8-30）~式（8-33），直到 $|\Delta X| \leqslant \varepsilon$ 为止，并取最后一次所得 $(x, y, z, \dot{x}, \dot{y}, \dot{z})$ 为飞行目标参数。

8.4.2　实例分析

利用某射向及跟踪测量设备的布站情况，采用一套短基线干涉仪测量系统的测元和三台雷达的距离变化率测元进行仿真数据分析。图 8-13、图 8-15、图 8-17 为数据融合计算所得目标定位数据的仿真结果与对应标称弹道位置分量比对差数据图，图 8-14、图 8-16、图 8-18 为相应的速度分量比对差数据图。

170

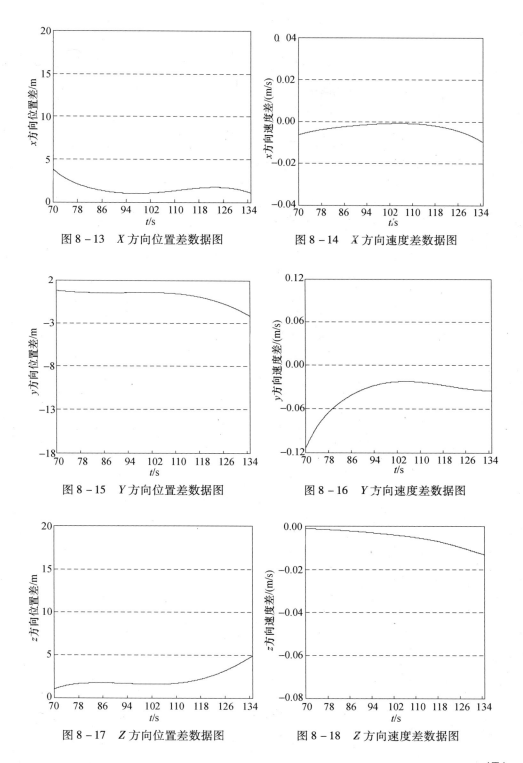

图 8 - 13　X 方向位置差数据图

图 8 - 14　X 方向速度差数据图

图 8 - 15　Y 方向位置差数据图

图 8 - 16　Y 方向速度差数据图

图 8 - 17　Z 方向位置差数据图

图 8 - 18　Z 方向速度差数据图

从图8-13、图8-15和图8-17可以看出,位置分量的比对差值在5m以内,与标称弹道基本吻合;从图8-14、图8-16和图8-18可以明显看出,速度分量比对差的量值为厘米级。较之常规雷达测量数据定位结果,位置分量精度提高50%以上,速度分量精度提高一个数量级。通过计算分析表明,此方法可同时实现飞行目标的位置及速度参数的有效确定,且大幅提高了处理精度。

8.4.3 结论

短基线干涉仪是我国航天发射场中重要的测控设备,承担各种型号的火箭跟踪测量任务,提供发射场安全控制系统所需的安全信息以及上升段航天器的外弹道参数信息,为保障发射安全、鉴定型号火箭飞行性能与改进发挥着重要作用。雷达测速测元和短基线干涉仪测元数据的有效融合,实现了充分利用航区冗余的测速测量数据完成较高精度的外弹道数据处理。该方法的利用,为处理短基线干涉仪测量数据开拓了新的技术途径,也将为后续的航天发射任务数据处理工作的完成提供重要技术支持。

参考文献

[1] 崔书华,许爱华,赵树强,等.高精度跟踪测量系统测元数据融合处理方法[J].弹箭与制导学报:2013(33)3,167-170.
[2] 崔书华,宋卫红,王敏,等.测速测元与距离和变化率测元融合算法及应用[J].弹箭与制导学报,2014(34)4,173-175.
[3] 赵树强,许爱华,苏睿,等.箭载GNSS测量数据处理[M].北京:国防工业出版社,2015.
[4] 张守信.外弹道测量与卫星轨道测量基础[M].北京:国防工业出版社,1999.
[5] 中国人民解放军总装备部军事训练教材编辑工作委员会,外弹道测量数据处理[M].北京:国防工业出版社,2003.
[6] 李果,崔书华,沈思,等.短基线干涉仪测元与距离变化率融合处理方法[J].导弹与航天运载技术,2016(4):94-98.
[7] 崔书华,胡绍林,柴敏.光学跟踪测量数据处理[M].北京:国防工业出版社,2014.

内 容 简 介

本书以航天工程为背景,系统阐述了测速跟踪测量原理、误差修正与分析、数据质量检查与评估、弹道参数确定、数据融合等相关技术。

全书共分8章:第1章介绍测速跟踪测量有关内容;第2章介绍了测量数据预处理方法;第3章介绍短基线干涉仪误差修正及误差影响分析;第4章介绍多测速系统误差修正及误差影响分析;第5章介绍数据质量检查与评估;第6章介绍短基线干涉仪测量数据弹道确定技术;第7章介绍多测速测量数据弹道确定及评估技术;第8章介绍测速系统与其他测量系统数据融合技术。本书合理吸收了作者及其所在单位20多年相关工作的系列性研究成果,并结合航天工程实践给出了大量的应用效果和仿真实例,对测速跟踪测量数据处理理论和应用都具有重要参考价值。

本书可供测速跟踪测量、测速数据处理及航天测控系统工程等专业的本科生、研究生学习。书中内容和方法也可供航空测量与航天测控等工程领域的技术人员参考使用。

Against the aerospace engineering background, velocity measurement principle, error correction and analysis, data quality inspection and evaluation, trajectory parameters determination, data fusion, and other related technologies are described inthis book.

The book consists of eight chapters. The first chapter introduces relevant content of velocity tracking measurement. The second chapter introduces the data processing method of velocity measurement. The third chapter introduces the error correction and error analysis of the short baseline interferometer. The fourth chapter introduces the error and error analysis of multi velocity measurement system. The fifth chapter introduces the velocity measurement data quality inspection and evaluation. The sixth chapter introduces trajectory determination technique of the short baseline interferometer. The seventh chapter introduces trajectory determination technique of the multi velocity measurement data. The eighth chapter introduces the data fusion technology of the velocity measurement system and other measurement systems. Series of research results of the authors and their units in more than twenty years are properly absorbed, a lot of application effect and simulation examples are given combined with the aerospace engineering practice in the book. All of these have important reference value for velocity measurement data processing theory and application.

The book can be used for velocity tracking and measurement, velocity measurement data processing and aerospace measurement and control system engineering and other professional undergraduate, graduate study. The contents and methods of the book can also be used for reference to the technical personnel in the field of aerospace measurement and control engineering.

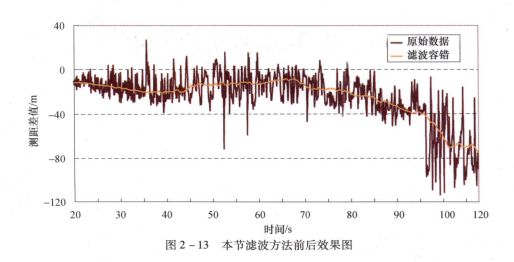

图 2-13 本节滤波方法前后效果图

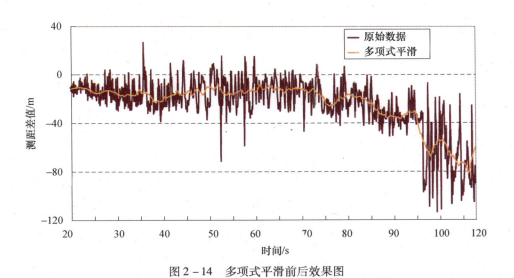

图 2-14 多项式平滑前后效果图

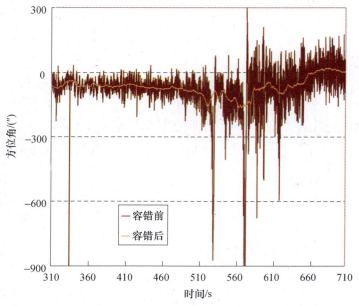

图 2 - 15　方位角容错平滑比对图

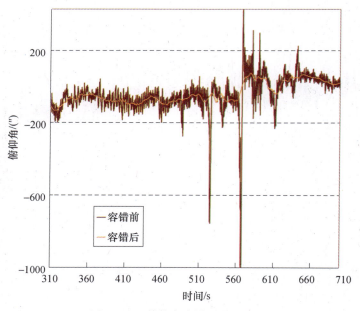

图 2 - 16　俯仰角容错平滑比对图

彩 2

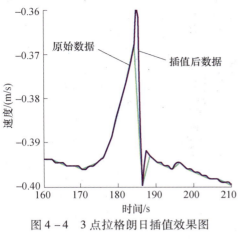

图 4-4 3 点拉格朗日插值效果图

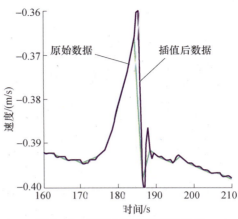

图 4-5 埃特金逐步插值效果图

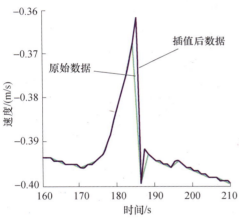

图 4-6 8 点拉格朗日插值效果图

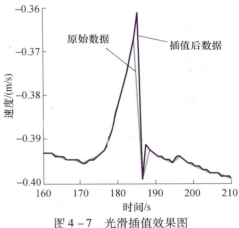

图 4-7 光滑插值效果图

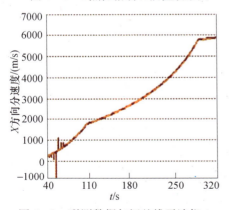

图 6-3 联测数据与短基线干涉仪 A
解算的 X 方向分速度比对曲线

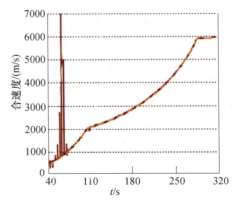

图 6-6 联测数据与短基线干涉仪 A
解算的合速度比对曲线

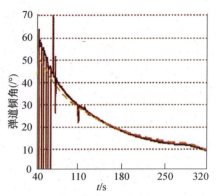

图 6-7 联测数据与短基线干涉仪 A
解算的弹道倾角比对曲线

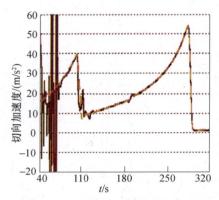

图 6-8 联测数据与短基线干涉仪 A
解算的切向加速度比对曲线

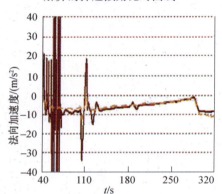

图 6-9 联测数据与短基线干涉仪 A
解算的法向加速度比对曲线

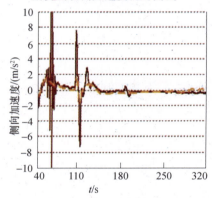

图 6-10 联测数据与短基线干涉仪 A
解算的侧向加速度比对曲线

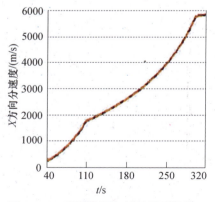

图 6-11 联测数据与短基线干涉仪 B
解算的 X 方向分速度比对曲线

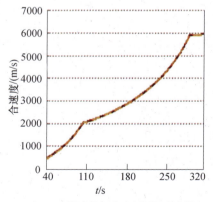

6-14 联测数据与短基线干涉仪 B
解算的合速度比对曲线

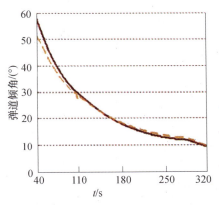

图 6 - 15　联测数据与短基线干涉仪 B
解算的弹道倾角比对曲线

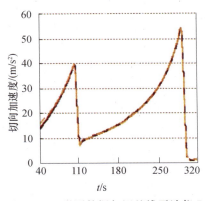

图 6 - 16　联测数据与短基线干涉仪 B
解算的切向加速度比对曲线

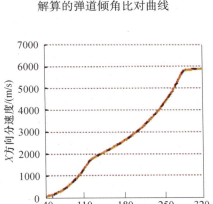

图 6 - 19　联测数据与雷达数据解算
的 X 方向分速度比对曲线

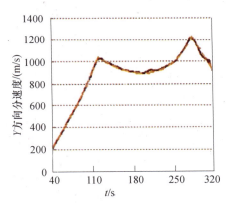

图 6 - 20　联测数据与雷达数据解算
的 Y 方向分速度比对曲线

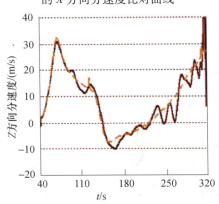

图 6 - 21　联测数据与雷达数据解算
的 Z 方向分速度比对曲线

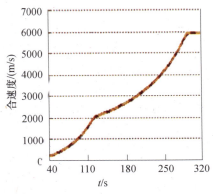

图 6 - 22　联测数据与雷达数据解算
的合速度比对曲线

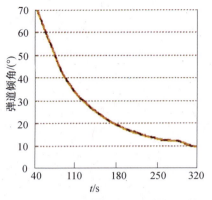

图6-23　联测数据与雷达数据解算
的弹道倾角比对曲线

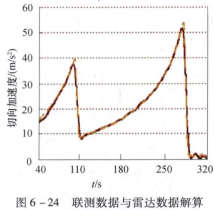

图6-24　联测数据与雷达数据解算
的切向加速度比对曲线

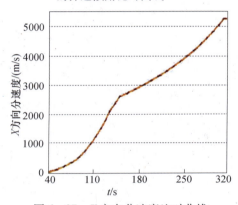

图6-27　X方向分速度比对曲线

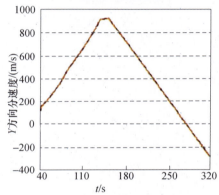

图6-28　Y方向分速度比对曲线

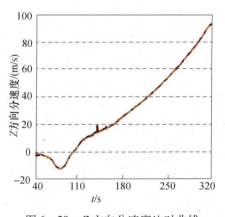

图6-29　Z方向分速度比对曲线

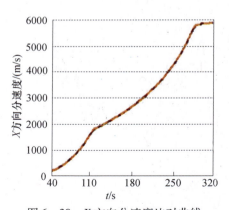

图6-30　X方向分速度比对曲线

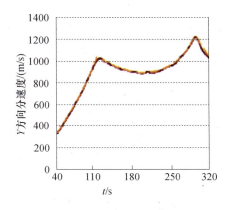

图 6 – 31   *Y* 方向分速度比对曲线

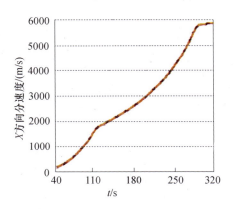

图 6 – 33   *X* 方向分速度比对曲线

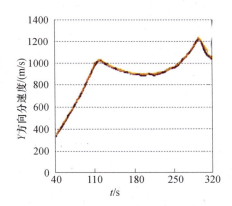

图 6 – 34   *Y* 方向分速度比对曲线